# Le principe de L'ARROGANCE

**ALISIO**
*L'éditeur des voix qui inspirent*

Suivez notre actualité sur **www.alisio.fr**
et sur les réseaux sociaux LinkedIn,
Instagram, Facebook et Twitter !

**Alisio s'engage pour une fabrication éco-responsable !**
Notre mission : vous inspirer. Et comment le faire sans participer à la construction du meilleur des futurs possible ? C'est pourquoi nos ouvrages sont imprimés sur du papier issu de forêts gérées durablement.

Titre original : *Das Arroganz-Prinzip*


Traduit de l'allemand par Danielle Lafarge

Suivi éditorial : Marie-Laure Deveau
Relecture-correction : Audrey Peuportier
Maquette : Jennifer Simboiselle
Design de couverture : Caroline Gioux
Images de couverture : © Jiw Ingka – © Andry7 / AdobeStock
– © Kristina Jovanovic / Shutterstock


une marque des éditions Leduc
10, place des Cinq-Martyrs-du-Lycée-Buffon
75015 Paris – France
ISBN : 978-2-37935-232-4

PETER MODLER

# Le principe de L'ARROGANCE

## POUR QUE LES FEMMES S'IMPOSENT VRAIMENT EN ENTREPRISE

ALISIO

*À mes filles.*

# SOMMAIRE

# AVANT-PROPOS

La candidate est très bien préparée. Dotée de connaissances aussi vastes que précises, Marie ne cesse de contredire son adversaire. Elle pointe du doigt les lacunes des piètres arguments en faisant preuve d'expérience et de clairvoyance. Elle marque aussi des points pour l'étendue de ses connaissances. Pourtant, cela ne lui servira à rien : son adversaire finira tout de même par l'emporter, même si cette victoire n'est pas due à son argumentation.

La bataille fut engagée dès les salutations. Tandis que les deux opposants se dirigent l'un vers l'autre, François tend la main très tôt et la garde tendue en avançant vers Marie, comme s'il tirait sur une ficelle invisible, obligeant son interlocutrice à tendre la main à son tour – telle une marionnette. Lorsque arrive enfin la poignée de main, François tapote simultanément et à plusieurs reprises le dos de la main de Marie, d'un geste manifestement condescendant, montrant à quel point il ne la prend pas au sérieux.

Durant l'heure et demie qui suit, Marie n'a aucun mal à s'exprimer avec objectivité et à apporter des réponses correctes aux différents thèmes abordés. Elle semble posséder de vastes connaissances, contrairement à François, qui laisse apparaître de réelles lacunes. Il change de sujet dès qu'est abordé un point qui le dérange. Marie persévère à plusieurs reprises, mais elle finit par abandonner, puisque cela ne mène nulle part. Par la suite, il apparaîtra que François avait même menti à plusieurs reprises.

Durant le débat, François n'hésite pas à utiliser la répétition. Tandis que Marie semble très attachée à développer son argumentaire, François répond par de simples affirmations du type : « C'est faux. » Il poursuit jusqu'à ce que son adversaire abandonne et parle d'autre chose. C'est particulièrement efficace quand les déclarations de François sont extrêmement brèves. Par exemple, lorsque Marie évoque une ancienne prise de position qu'il aurait préféré éviter d'évoquer, il se contente de répéter trois fois dans le micro : « Faux. » Au bout de la troisième fois, Marie change de sujet, énervée.

Elle ne cesse de souligner ironiquement au public les lacunes de l'argumentation de François (« Nous savons tous que François vit dans sa bulle »), alors que ce dernier fait très peu appel à l'ironie. Il préfère l'attaque directe : « C'est votre faute » ou « Tout le monde sait que vous êtes la seule fautive ».

La chorégraphie du débat se termine comme elle a commencé. Tandis qu'ils se serrent la main, François tapote à deux reprises le dos de Marie en affichant démonstrativement un air moqueur et condescendant. Conclusion : « Bien essayé, poupée, mais tu n'as pas eu le dessus. »

Ce type de situation n'est pas rare. Mais, cette fois, des millions de personnes y assistèrent, car le débat se déroula devant les caméras de télévision. En fait, les protagonistes ne s'appelaient pas François et Marie, mais Trump et Clinton.

L'échec de Marie – alias Clinton – aux élections présidentielles n'est évidemment pas uniquement dû aux trois débats télévisés. Cependant, lors de ces trois apparitions, elle se trouva totalement démunie face à un adversaire qui, dans le fond, était beaucoup moins compétent qu'elle, mais qui, grâce à des stratégies simplissimes, parvenait à couper court à son argumentation. Un enchaînement de manœuvres tout aussi tragiques se répète quotidiennement et suit le même modèle dans de nombreuses organisations et entreprises. Sur ce point, les exemples de Trump et de Clinton sont parfaitement interchangeables. Ce ne sont pas des cas isolés, bien au contraire, car ils symbolisent tout autre chose : l'affrontement de deux univers de communication.

Les deux systèmes qui s'affrontent ici sont qualifiés par les spécialistes de « vertical » et d'« horizontal ». Ces divergences ont de lourdes conséquences. Les personnes qui communiquent sur le plan « vertical » se préoccupent d'abord de la hiérarchie et du territoire, et ensuite seulement du contenu. François – alias Trump – appartient clairement à cette catégorie. Au contraire, les personnes qui communiquent sur le plan « horizontal » ne s'intéressent guère à des questions de hiérarchie et de statut, mais plutôt à l'appartenance et au contenu. Ces systèmes ont été découverts par la linguiste américaine Deborah Tannen. J'y reviendrai en détail plus loin. Je me contenterai d'affirmer ici que beaucoup de femmes (ainsi qu'une minorité d'hommes) communiquent « horizontalement », tandis qu'une majorité d'hommes (ainsi qu'une minorité de femmes) sont enclins à la « verticalité ».

Dans la vie professionnelle, ces simples faits peuvent avoir de terribles conséquences, allant jusqu'à briser une carrière, et engendrer des expériences traumatisantes et de graves injustices.

Malheureusement, l'existence de ces deux grands systèmes signifie que dans les secteurs à tendance principalement verticale – comme dans l'industrie –, les personnes qui communiquent horizontalement ont beaucoup de mal à se faire entendre, même si elles sont extrêmement compétentes. Elles ne comprennent pas qu'on y emploie un autre langage que celui auquel elles sont habituées et que de bons résultats ne s'imposent pas *per se* dans un environnement vertical. Les connaissances et la logique n'y pèsent pas lourd en cas de conflit. Cela peut être très pesant pour les personnes concernées. Dans ce livre, nous verrons comment gérer correctement ces situations lorsque l'on est soi-même issu d'un environnement à prédominance horizontale.

Ce livre, paru pour la première fois en 2009, est rapidement devenu un best-seller. Tout auteur serait bien évidemment ravi de ce succès. Mais, dans ce cas particulier, j'éprouve des sentiments ambivalents à cet égard. En effet, cela montre que le livre répond à un énorme besoin des femmes en leur prodiguant des conseils pratiques pour s'imposer face aux hommes ou à ceux qui pratiquent la communication verticale dans les conflits. Le fait que ce besoin soit toujours aussi grand est un peu déprimant. Mais cela correspond aussi parfaitement aux expériences que j'ai pu faire lors de mes séminaires à travers tout le pays. Et cela va malheureusement totalement à l'encontre des affirmations idylliques répandues dans de nombreux médias : qu'il ne fait aucun doute que l'avenir appartient aux femmes, que les femmes intelligentes gravissent automatiquement les échelons ou que le système hiérarchique ne joue plus de rôle dans les entreprises. Dans de nombreux cas, cela relève davantage d'un mythe très éloigné de la réalité.

Et cette situation n'a pas été changée par le fait que de plus en plus de gens communiquent devant un écran et n'échangent plus qu'à l'occasion de visioconférences (voir le chapitre 12).

Effectivement, il y a beaucoup de femmes compétentes dont les aptitudes restent inutilisées par les entreprises et les organisations, ce qui peut être très frustrant. Je n'ai rien contre une règle d'attribution de postes par fixation de quotas, mais elle n'est d'aucune utilité pour la capacité des femmes à s'imposer. D'après mon expérience, la raison pour laquelle une femme occupe un poste a relativement peu d'importance. C'est son comportement qui est déterminant. Maîtrise-t-elle la communication verticale qui y prévaut ?

Après avoir dirigé diverses entreprises durant plusieurs années, je suis devenu consultant en 1998. Mon expérience personnelle m'a permis de connaître des réalités professionnelles très variées – de l'apprenti au dirigeant d'entreprise. J'ai évidemment côtoyé aussi bien des hommes que des femmes dans tous ces domaines professionnels. Toutefois, je n'ai commencé à m'intéresser aux relations hommes-femmes dans l'entreprise qu'à partir du moment où j'ai exercé en tant que consultant.

Durant mes séminaires universitaires, j'ai été frappé par les écarts de comportements entre les étudiants et les étudiantes. J'ai fini par m'intéresser à ce phénomène, qui était également récurrent dans le monde professionnel. J'ai peu à peu développé le programme Arroganz Trainings® qui, initialement, s'adressait uniquement aux cadres et dirigeantes d'entreprise qui voulaient apprendre à mieux gérer les relations avec leurs collègues, leurs clients ou leurs supérieurs verticaux. J'ai été surpris par la demande considérable. Avec le temps, j'ai compris que les méthodes appliquées dans le programme de formation sont également utilisées par les femmes qui « dirigent » dans un sens plus large, c'est-à-dire pas seulement dans le cadre classique de l'entreprise : des mères de famille, des institutrices, des femmes médecins en milieu hospitalier, des professeures d'université, des rédactrices de journaux, des avocates, des indépendantes. Le management n'est pas la chasse gardée de ceux qui occupent un poste de dirigeant. Parce que je ne pouvais pas répondre moi-même à toutes les demandes, j'ai créé une formation de coaching à mes méthodes.

Les Arroganz Trainings® travaillent différents aspects de la communication professionnelle avec des hommes ou des représentants du système vertical (voir www.drmodler.de). Il s'agit notamment de la communication non verbale, de comportements territoriaux ou du langage comme instrument de pouvoir. Dans cette démarche de formation, il est décisif que les participantes partent d'une situation concrète qu'elles souhaitent résoudre. Pendant le séminaire, je mets donc à leur disposition un partenaire d'entraînement, un *sparring-partner*, avec lequel elles peuvent tester divers comportements alternatifs. Ce partenaire ne doit remplir que deux conditions : être un homme (ou communiquer verticalement) et être capable de s'exprimer.

Au départ, le partenaire ne se trouve pas dans la même pièce. Il est mis à contribution dès qu'un problème concret surgit avec un collègue, un chef ou un collaborateur adepte du système vertical. On lui décrit le problème, puis, lorsque la situation est rejouée, il tient le rôle de l'adversaire. La femme dont il faut résoudre le problème retourne à sa place et observe le déroulement de la scène, tandis que son rôle est joué par une autre participante au séminaire. Cela rend la scène plus impartiale et plus compréhensible par la personne concernée.

Pendant que la scène est jouée, la personne concernée est régulièrement consultée afin de savoir si le déroulement est réaliste. C'est presque toujours le cas. Cette méthode s'inspire du psychodrame classique à la Jacob Moreno, de la thérapie systémique et du « style provocateur » telle que l'entend Noni Höfner. Au fil des ans, il est apparu que l'âge, la formation ou les qualifications professionnelles du *sparring-partner* n'ont aucune importance pour la résolution du problème. Dans certaines situations, ces personnes qui agissent verticalement se comportent de façon identique. De toute évidence, il existe des réactions types que la majorité des hommes manifeste de façon intuitive et sans réfléchir. Et le plus étonnant et riche d'enseignement pour les participantes au séminaire, c'est que ces réactions types sont très différentes de celles des femmes ou des personnes qui communiquent horizontalement.

Au cours de ces séminaires, il arrive bien sûr aussi que l'on retravaille sur des événements plus anciens en s'interrogeant sur la cause de ces dysfonctionnements. Pourquoi tout est-il allé de travers ? Les solutions trouvées sont si utiles pour les femmes concernées qu'elles peuvent immédiatement les mettre en œuvre dans leur vie professionnelle. Je reçois souvent des messages positifs de la part des participantes, m'informant que « l'abcès a été crevé » et que ce qui a été vu au cours de l'atelier a fait ses preuves.

Ce livre résume les connaissances que j'ai pu acquérir au cours de nombreux séminaires et que j'illustre par de nombreux exemples. Je ne recommande évidemment pas de faire de l'arrogance une règle de vie. Plutôt, j'entends les formes d'application de l'arrogance présentées ici comme des instruments à avoir à sa disposition dans sa boîte à outils quotidiens pour les utiliser en cas de besoin. Notamment sur le lieu de travail où l'ambiance est rendue particulièrement pesante par les adeptes de la communication verticale. Dans ce cas, on peut puiser dans sa boîte à outils l'instrument adapté.

Il ne s'agit pour moi de rien d'autre que de la bonne vieille égalité des chances, dont je suis convaincu de l'utilité à la fois d'un point de vue humain et économique. Nous avons beaucoup moins avancé sur ce plan que nous ne le pensons. Au fil des ans, je vois toujours beaucoup trop d'entreprises et d'organisations dans lesquelles le potentiel professionnel des femmes n'est ni pris au sérieux ni soutenu (malgré toutes les belles paroles prononcées en ce sens), voire carrément déprécié. Je dois avouer que ce comportement me dégoûte personnellement. Des femmes dotées d'une excellente formation et d'une bonne dose de motivation sont embauchées par des entreprises et des institutions à des salaires de départ souvent inférieurs à ceux des hommes, et où elles ne parviennent jamais à décrocher les postes à responsabilités pour lesquels elles étaient pourtant parfaitement qualifiées. Non seulement c'est injuste, mais je ne comprends tout simplement pas pourquoi les hommes peuvent le tolérer.

Près de douze ans après sa première parution, j'ai entièrement remodelé ce livre. Je le complète aujourd'hui par un nouveau chapitre qui traite des répercussions du travail de plus en plus fréquent en distantiel avec des réunions en visio-conférences. Les résultats d'études récentes ont également été pris en compte, tout comme de nouvelles questions qui ont été formulées. J'en profite aussi pour dénoncer des idées reçues très répandues (par exemple, que les femmes sont pénalisées dans leur carrière quand elles ont les mêmes attentes que les hommes). Quelques thèmes sont nouveaux : comment réagir face à un chef incompétent ; les erreurs commises par de nombreuses femmes à leur retour de congé de maternité ; la signification des compromis politiques dans les organisations où il n'y a soi-disant pas de hiérarchie ; l'importance sous-estimée de la conduite de réunion. J'évoquerai aussi bien les jeux verticaux à la Cour constitutionnelle fédérale allemande que la pertinence du jeu de l'élastique pour mieux comprendre le comportement des femmes, les enseignements à tirer de l'observation des matchs de football, ou encore les changements apparents ou réels dans les environnements de travail dépourvus de bureaux individuels. J'ai également ajouté quelques graphiques. Cette nouvelle édition est donc beaucoup plus complète que la première édition de 2009.

J'aimerais encore évoquer quelques points importants : ce livre ne traite pas des conflits au sein du système horizontal. Je n'aborderai par exemple pas ici les relations entre femmes sur leur lieu de travail ; cela fait l'objet d'un autre livre dont je suis également l'auteur[1]. Dans les pages suivantes, je m'intéresserai uniquement aux relations entre les adeptes de la communication horizontale – principalement des femmes – et les pratiquants de la communication verticale.

J'exerce principalement mon activité au sein de la société industrielle occidentale ; je n'ai aucune expérience personnelle du monde professionnel asiatique ou africain (même si des personnes issues de ces milieux culturels participent sporadiquement avec enthousiasme à mes séminaires).

Par ailleurs, les méthodes présentées ne peuvent pas s'appliquer à des expériences traumatisantes de violence sexuelle ou à d'autres agissements criminels. Dans ces cas-là, il est indispensable d'entreprendre une thérapie et/ou d'intenter des poursuites pénales.

Les méthodes du programme Arroganz Trainings® ne sont pas non plus d'une grande utilité lorsque toute l'organisation d'une entreprise est déséquilibrée. Ces problèmes structurels nécessitent d'autres solutions.

J'ai testé et corrigé moi-même toutes les méthodes présentées ici durant une longue période. Toutefois, je ne saurais garantir

---

1. *Die freundliche Feindin. Weibliche Machtstrategien im Beruf*, Piper Verlag, 2017, non traduit en français.

qu'elles sont adaptées à chaque cas et qu'elles produisent toujours les résultats attendus.

Ce livre n'est pas un ouvrage scientifique, c'est un recueil d'expériences proposant des solutions concrètes.

Je ne suis ni spécialiste du genre ni psychologue. Mais en tant que consultant externe, je m'efforcerai d'apporter, dans l'intérêt de mes clientes, des réponses pragmatiques à une question cruciale : comment résoudre de façon productive des conflits professionnels avec ceux qui pratiquent la communication verticale ?

Comme je procède avec pragmatisme, je ne recule pas non plus devant des énoncés simplifiés. Il est évident qu'il ne faut pas mettre tous les hommes et toutes les femmes dans le même sac. Toutefois, certaines généralisations sont d'une utilité provisoire pour identifier des problèmes structurels et y remédier.

J'ai l'impression qu'aujourd'hui, les organisations et les entreprises n'hésitent pas à exprimer ouvertement des exigences particulièrement élevées : expertise économique, solidarité politique, qualité journalistique, tradition religieuse, idéal de diversité, etc. Plus les revendications officielles sont élevées, plus la résolution des conflits entre les hommes et les femmes semble un sujet tabou dès qu'il s'agit de réelles questions de pouvoir.

Les personnes qui pratiquent la communication horizontale, majoritairement des femmes, sont souvent amenées à rencontrer à la direction de l'entreprise des adeptes de la communication verticale. Il leur arrive d'essuyer de cuisants échecs – même si leurs performances sont remarquables. Les cadres dirigeants des organisations et des entreprises devraient tous être « bilingues » afin de passer aisément d'une langue à l'autre.

Pour conclure, sachez que tous les noms ont été changés et que toute ressemblance avec une personne ayant existé est totalement fortuite et nullement intentionnelle.

Peter Modler

# — CHAPITRE 1 —
# LA CONQUÊTE DU BUREAU
## OU : L'ENJEU TERRITORIAL

## LE JEUNE IMPERTINENT

Vanessa est chargée de cours à l'université. Âgée d'une trentaine d'années, elle est svelte, porte des lunettes et des talons, et soigne son image. En plus de ses obligations d'enseignante, elle est également responsable de Guillaume, étudiant, qui, en tant qu'assistant, doit accomplir de petites tâches administratives et l'aider dans ses travaux de recherche. La chaire jouit d'une bonne renommée internationale ; il règne donc une certaine pression sur les performances de l'institut. Celle-ci pèse uniformément sur tous les chercheurs.

L'assistant, qui partage le bureau de sa cheffe Vanessa, n'est pas très sensible à cette pression. Cela ne lui pose notamment aucun problème de ne pas se présenter au bureau plusieurs journées d'affilée, sans prévenir. Au bout d'une semaine, il finit par pointer son nez, d'un air dégagé, comme si de rien n'était, sans prononcer un seul mot d'excuse. Il ne semble pas avoir conscience du travail supplémentaire que son absence occasionne à ses collègues. Vanessa est contrariée par son attitude, mais elle manque d'assurance face à ses collègues : a-t-elle le droit de réprimander Guillaume ? C'est à elle qu'incombent les tâches qui n'ont pas été accomplies par son assistant – « ainsi, je suis sûre que le travail est bien fait », se dit-elle, mais cela ne lui procure aucun réconfort. Ce n'est pas dans son caractère de se mettre en avant.

Guillaume a dix ans de moins que Vanessa : c'est un grand échalas, habituellement vêtu d'un jean et d'un pull informe, aux cheveux longs maintenus en arrière par un bandeau. Le partenaire qui endosse le rôle de l'assistant se comporte exactement comme l'étudiant dans la vraie vie : il ouvre la porte sans frapper, marmonne un bonjour incompréhensible en passant, jette son sac à dos sur une chaise et entreprend de feuilleter des dossiers posés sur son bureau. Il se donne un air très occupé pour éviter tout contact oculaire avec Vanessa.

Même si Vanessa trouve que l'étudiant a un comportement impoli teinté d'agressivité, elle n'y voit pas de motif adéquat pour avoir une explication. Elle tente bien à plusieurs reprises d'entamer un entretien de mise au point avec Guillaume. Mais il ne répond que par monosyllabes qui expriment à quel point il juge une discussion au sujet d'un ridicule jour d'absence comme indigne de ses titres universitaires.

Dans ce type de situation, la personne qui communique sur le plan horizontal, ici Vanessa, tente généralement de provoquer une explication verbale dans les plus brefs délais. Mais avant qu'elle n'y parvienne, l'étudiant a déjà émis quantité de signaux, que sa cheffe n'a toutefois pas considérés comme des messages puisqu'il ne s'agissait pas de communication verbale.

Tandis que Vanessa attend poliment une entrée en matière verbale de sa part, Guillaume est occupé à tout autre chose. L'important pour lui est d'envahir l'espace du bureau dans les secondes qui suivent son arrivée. Une fois qu'il s'en est emparé, il considère que la situation est réglée – à son avantage. Ce n'est malheureusement pas un cas isolé. L'impression que j'ai pu tirer de nombreuses situations similaires est que les personnes qui se comportent verticalement ont un sens beaucoup plus marqué de leur territoire que de nombreuses femmes – qui pratiquent la communication horizontale. C'est aussi pourquoi, dans un contexte professionnel, ces communicants verticaux – majoritairement des hommes – ont le sentiment d'avoir plus de pouvoir lorsqu'ils prennent possession d'un espace ou lorsqu'ils sont laissés libres de le faire.

C'est aussi ce qui s'est produit dans notre cas : Guillaume ouvre la porte sans frapper : première étape. Il entre dans l'espace du bureau sans provoquer de contact oculaire : deuxième étape. Il passe devant sa cheffe sans dire un mot : troisième étape. Il occupe un siège avec son sac à dos : quatrième étape. Il s'assoit à son bureau et en monopolise la surface : cinquième étape. C'est ainsi que s'achève le processus de conquête territoriale qui confère à l'assistant un sentiment d'assurance et d'impunité. Il est évident qu'une discussion argumentative, et encore moins un échange raisonné, n'est pas possible à cette occasion. Ce n'est qu'une fois que la question territoriale est élucidée qu'une communication verbale devient possible et judicieuse. Que pouvait donc faire Vanessa pour résoudre son problème ?

Faire preuve d'un peu plus d'arrogance.

Lors de ses nombreuses tentatives pour modifier la tournure que prenait la situation, Vanessa s'est surprise à réagir beaucoup trop tôt sur un mode exclusivement verbal, ce qui n'impressionne nullement Guillaume. Elle finit toutefois par relever courageusement le défi de la provocation territoriale en procédant de la façon suivante : entrée en scène de Guillaume. La porte s'ouvre. L'assistant a à peine avancé d'un mètre dans le bureau qu'elle l'arrête d'un geste de la main, l'obligeant à s'arrêter à bonne distance de son bureau. Il est visiblement irrité. Vanessa l'examine tout d'abord et fixe son regard sur lui. Sur ce, elle adresse avec une lenteur intentionnelle quelques questions précises et directes à Guillaume, qui est toujours debout : « Où étiez-vous la semaine dernière ?... Pourquoi ne m'avez-vous pas informée de votre absence ?... Pourquoi faut-il que ce soit toujours les autres qui fassent votre travail ? » Entre chaque question, elle veille aussi à ménager une longue pause inconfortable durant laquelle son assistant ne sait pas où se mettre. Elle ne le laisse ni avancer vers son bureau, ni poser son sac à dos. Enfin, elle met un terme à la scène par un commentaire incisif : « Bien ! La journée peut donc reprendre son cours. » Et elle se remet au travail sans s'intéresser davantage à lui. Les épaules de l'assistant s'affaissent. Il semble avoir eu son compte.

La chargée de cours, quant à elle, ne s'est jamais sentie aussi bien : elle regrette de ne pas avoir réagi ainsi plus tôt. Toutefois, les autres femmes présentes dans la pièce et qui observent la scène sont sceptiques. « On n'aurait jamais pu faire ça ! » Un tel comportement leur paraît tout bonnement trop impoli, trop dur. Je demande au partenaire *aka* Guillaume ce qu'il a ressenti. Sa formulation exprime parfaitement les différences de modes de perception entre les deux mondes : « Cela n'a rien de personnel. » Pourquoi cela n'a-t-il rien de personnel pour lui alors que la femme concernée est intérieurement toute chamboulée ? Parce que l'altercation a *seulement* pour objet de s'affirmer en tant que supérieure hiérarchique, déclare Guillaume en toute innocence. Cela n'a rien de personnel parce qu'il sait que cette femme est effectivement sa cheffe. Elle n'aura eu besoin de le lui montrer qu'une seule fois, car la démonstration territoriale a été parfaitement claire.

La vie professionnelle de nombreuses femmes serait beaucoup plus simple si elles adoptaient elles aussi un comportement territorial. Commençons par nous poser la question suivante : « Qu'est-ce qu'un territoire ? »

## LA DÉFENSE DU TERRITOIRE

Au bureau, la plus petite unité territoriale est la surface de la table de travail, la vôtre ou celle de votre collègue. Lorsque l'on est seul dans un bureau, le territoire commence au seuil de la porte. Ce que l'on fait entre ces quatre murs joue évidemment un rôle déterminant : où dépose-t-on ses dossiers et son sac ou à quelle place s'assoit-on, par exemple. Le parking de l'entreprise est un exemple typique de territoire qui n'est pas considéré de la même façon par les hommes et par les femmes. Pour les femmes cadres, avoir une place de stationnement identifiée par son nom ou son immatriculation n'a pas grande importance. Il en va tout autrement de leurs homologues masculins : si des atteintes territoriales devaient avoir lieu à cet endroit, ce ne serait certainement pas un hasard.

Je n'oublierai jamais l'histoire que me raconta un collègue à propos de l'une de ses clientes :

Pour la première fois de son histoire, une entreprise de taille moyenne nomme une femme à la direction du service marketing. Le matin de sa prise de poste, Monique, la nouvelle directrice, conduit sa voiture jusqu'à la place identifiée par son numéro d'immatriculation, mais elle constate qu'un véhicule y est déjà garé. Monique n'est pas née de la dernière pluie. Elle connaît les obstacles qui se présenteront à elle lors d'un premier jour de travail dans une nouvelle entreprise. Elle n'hésite pas une seconde : elle se dirige vers le gardien pour faire appeler la fourrière.

Le gardien tente de l'en dissuader, mais elle tient bon. Même s'il faut attendre l'arrivée de la dépanneuse, elle reste à la réception, imperturbable, ce qui met le gardien encore plus sous pression. Au moment où le crochet de la dépanneuse est fixé au véhicule gênant, un homme en costume-cravate sort en trombe du bâtiment. Il va bientôt partir ! Elle aurait pu se montrer compréhensive, pas la peine d'en faire toute une histoire, etc. Nullement impressionnée, Monique explique froidement au monsieur que ce n'est pas son problème. Elle part du principe que tout le personnel de l'entreprise sait lire. C'est à lui de régler la facture de la dépanneuse.

L'entreprise est comme un village. La nouvelle a très vite fait le tour des bureaux. Toutes les fenêtres qui donnent sur le parking étaient ouvertes, et personne n'avait perdu une miette du spectacle. Depuis ce jour, la réputation de Monique était faite au sein de l'entreprise. Elle n'eut plus besoin de prouver aux hommes qu'ils devaient la prendre au sérieux.

Cette scène est marquante. Mais on peut en arriver à de telles situations en cas de conflits entre les hommes et les femmes dans la vie professionnelle. Toutefois, d'après mon expérience, un comportement comme celui de Monique est exceptionnel. Il faut disposer d'un certain savoir-faire et d'une forte personnalité pour assumer une telle prise de position devant un public aussi nombreux. Il n'est pas non plus nécessaire de déployer des stratégies territoriales aussi théâtrales. Dans la vie quotidienne de beaucoup de femmes actives, quelques petits signes peuvent avoir un gros impact. Comme pour Dorothée.

Dorothée mesure 1,60 m. La cinquantaine, le visage avenant et des cheveux blonds mi-longs, elle est mariée à un maçon. Comme beaucoup d'épouses d'artisans, elle travaille aussi dans l'entreprise, où elle tient la comptabilité et gère le personnel. Son statut n'est pas sans poser de problèmes, car ce n'est pas parce que son mari dirige l'entreprise qu'elle est automatiquement cheffe elle aussi. C'est ce que le contremaître lui fait régulièrement comprendre dans une petite scène à sa façon.

Le bureau de Dorothée est un lieu de passage. Chaque fois que le contremaître – un grand costaud – rentre d'un chantier, il ouvre la première porte de son bureau et, sans prendre la peine de s'arrêter pour la saluer, jette un rouleau de plans ou le décompte des heures de travail sur son bureau. Sans prononcer un mot de plus, il ressort par la deuxième porte et s'installe à son propre bureau.

À juste titre, Dorothée se sent rabaissée par le comportement territorial du contremaître. Elle a l'impression d'être un meuble. Il ne la regarde pas, ne dit pas un mot et la traite sans aucun égard. Elle avait beau chercher un moyen de se défendre, elle n'en trouvait aucun. Elle aurait dû s'en tenir à une règle simple : une attaque territoriale peut uniquement être repoussée sur le même plan. Après avoir échoué à plusieurs reprises à raisonner le contremaître depuis son bureau, Dorothée finit par comprendre que face aux incursions impérialistes récurrentes de cet homme sur *son* territoire, elle doit lui faire front en utilisant la communication chorégraphique.

Dès qu'elle entendit le contremaître s'approcher, elle se leva de sa chaise et s'approcha vite de la porte. Lorsqu'il l'ouvrit la porte, elle se trouvait face à lui dans l'encadrement de la porte. À sa vue, le géant fit involontairement un pas en arrière. Dorothée, qui n'avait pas bougé d'un pouce, lui demanda sèchement : « Oui ? C'est à quel sujet ? » Le contremaître se mit à bégayer qu'il voulait aller dans son bureau. Elle ne libéra pas encore la place, mais lui dit d'une voix forte et intelligible : « Garde tes plans. Je viendrai les chercher quand j'en aurai besoin. »

Le contremaître se précipita dans son bureau. Dorothée était étonnée que ce fût aussi simple que ça. Elle n'avait rien eu à lui expliquer !

Mais qu'aurait-elle expliqué ? Il n'était question que de comportement territorial, et pas de psychothérapie. Après le jeu de rôle, le partenaire expliqua que, dès l'instant où il avait vu Dorothée dans l'encadrement de la porte, il avait eu le sentiment de se trouver en terrain interdit. Il s'était senti soulagé lorsqu'il s'était retrouvé dans son propre espace.

La façon correcte de s'y prendre sur son propre terrain ou celui de l'autre ne dépend absolument pas de la catégorie sociale à laquelle appartiennent les individus. L'image projetée par un employeur ou le niveau d'éducation des protagonistes ne jouent pas non plus de rôle. J'ai pu constater que, lorsqu'il s'agit du territoire professionnel, les personnes qui communiquent horizontalement (majoritairement des femmes) appartiennent plutôt à la catégorie des individus qui s'intéressent surtout à l'objectif et aux résultats. Toutefois, ce n'est pas une raison pour sous-estimer la signification politique des jeux de territoires que les adeptes des comportements verticaux mettent si volontiers au premier plan.

Ça ne sert à rien de se lamenter à ce sujet. Notre dernier exemple montre bien qu'il s'agit dans ce contexte rarement en premier lieu d'un processus d'explication, mais plutôt d'un préambule à l'explication. Pour qu'une telle explication ait une chance d'être entendue, il doit se passer quelque chose de fondamental, un échange de signes spatiaux, encore très éloignés des réflexions rationnelles. Cela ne date évidemment pas d'aujourd'hui ; mais c'est étonnant que ces comportements réflexes aient encore cours – malgré les médias virtuels, malgré l'organisation décentralisée du travail, malgré les changements d'équipes. Ce n'est pas parce que les attaques territoriales se manifestent incidemment et de façon secondaire que cela doit vous induire en erreur en vous poussant à les négliger ou à les excuser. Attention à la mascarade ! Les petites entreprises, les start-up, qui n'ont prétendument pas de hiérarchie, n'y font pas non plus exception.

Michiko est programmeuse depuis trois ans chez un éditeur de logiciels. Il n'y a pas de code vestimentaire officiel, tout le monde se tutoie, et les manières sont informelles et respectueuses. Michiko, les cheveux coupés court, porte un pull à col roulé. Son collègue Mike est arrivé récemment dans l'entreprise : charmant avec tout le monde, toujours décontracté, avec une barbe de trois jours, habillé d'un T-shirt et d'un pantalon de toile.

Michiko s'étonne d'éprouver des sentiments ambivalents lorsque Mike passe chaque jour dans son bureau sans motif apparent en lui faisant un grand sourire. Quelque chose la chiffonne sans qu'elle puisse le définir précisément. En général, Mike vient s'asseoir sur la chaise qui se trouve devant son bureau et lui parle de tout et de rien au cours d'un charmant bavardage. Et il apporte toujours un petit quelque chose qu'il dépose sur le bureau : cela peut être une bouteille, un crayon, ou encore un dossier. Pourquoi Michiko se sent-elle si mal à l'aise dans cette situation alors que Mike est si gentil ?

La gêne de Michiko provient très certainement du fait qu'à chacune de ses visites, Mike lance une petite attaque territoriale en déposant des objets sur une surface qui fait partie du territoire de Michiko , et non du sien. Il est probable que Mike ne le fasse pas consciemment ; il accomplit un rituel auquel il s'entraîne depuis longtemps. Comment réagir face à ce type de situation ? Comment en parler ? La réponse est simple : il ne faut pas en *parler*. Il est bien plus important de réagir sur le même plan que celui sur lequel on est attaqué. Et, dans le cas de Michiko et de Mike, ce n'est manifestement pas le plan du bavardage anodin « officiel ». Le plan sur lequel Mike agit réellement est celui des symboles territoriaux. Ce n'est que là que la réponse peut être efficace. Et Michiko réussit à la trouver. Le lendemain matin, Mike entre de nouveau dans son bureau, s'assoit et commence son entrée en matière habituelle : il rit, parle, pose des objets sur le bureau. Michiko l'écoute en souriant, mais – sans se départir de son visage amical – elle s'empare immédiatement de tous les objets que Mike dépose sur la table et les pose par terre ou sur une chaise. En apparence, le ton de la conversation ne change pas, si ce n'est que cette fois-ci Mike est si pressé de quitter le bureau de Michiko qu'en partant, il oublie d'emporter ses accessoires. Le message territorial de Michiko est parfaitement passé.

Le vrai niveau de l'affrontement n'a pas une seule fois été exprimé verbalement par les deux interlocuteurs ; pourtant, le collègue masculin avait émis des signaux extrêmement clairs. C'étaient des manifestations de pouvoir qui, dans un contexte professionnel, ne peuvent pas être négligées impunément. À force d'émettre ces signaux, Mike aurait fini par obtenir satisfaction si ses manœuvres n'avaient pas été contrées sur le même niveau. Heureusement, Michiko lui avait renvoyé des signaux aussi clairs, sans attendre une occasion de s'expliquer verbalement. Si elle l'avait fait, elle aurait inévitablement perdu du terrain. La réaction de Michiko était remarquable parce qu'elle avait persisté à détourner ces manœuvres, sans ciller, et en donnant l'impression de garder le contrôle. Elle y est parvenue en utilisant une technique simple : ne pas se départir d'une amabilité manifeste. Elle avait vu clair dans le jeu de Mike et aurait pu prendre la mouche. Mais cela n'aurait pas eu le même résultat. Comme elle avait contrarié le jeu de pouvoir territorial de son collègue, tout en arborant un grand sourire, il ne subsistait plus aucun doute : c'était elle qui avait la situation en main. Une petite scène comme celle-là est facile à décortiquer après coup en reprenant le déroulement de l'action étape par étape. Il n'en va pas de même lorsqu'un groupe d'individus se trouve dans la pièce. La scène devient alors vite confuse, car il se passe beaucoup de choses en même temps. Pourtant, dans le cadre d'un groupe, les événements sont aussi régis par les mêmes principes. Peut-être que la pression est plus forte en présence d'un public, qui met davantage à l'épreuve les capacités d'une personne à accomplir plusieurs tâches à la fois. Mais la structure essentielle ne change en rien : le territoire reste le territoire, aussi grand ou petit soit-il. Comme Carole en fit l'expérience.

## ÉMOI AUTOUR DE LA TABLE DE RÉUNION

La propriétaire d'une PME de composants électroniques se sentait soumise à un stress énorme lorsque se réunissait le comité directeur du groupement d'intérêt auquel son entreprise appartenait. Elle était la seule femme. À chacune de ces réunions, Carole avait l'impression d'être traitée comme une associée minoritaire, sans être prise au sérieux.

Pourtant, Carole ne passait pas inaperçue : très grande et élégante, elle était maquillée légèrement et portait un tailleur. Dans la salle de réunion se trouvait une grande table ovale sur laquelle étaient posés les rafraîchissements habituels. Je demandai à Carole de me montrer comment elle se déplaçait dans la pièce parmi ses collègues. Elle entra donc dans la pièce, puis rasa les murs pour se précipiter vers la première place libre. Elle s'assit, puis son regard fit le tour de la pièce, prête pour la réunion. Sa silhouette si élégante avec son 1,80 m semblait avoir été balayée.

Il m'apparut tout de suite que Carole était assise au bord de sa chaise. Face à elle se trouvait Romain, dirigeant d'une puissante entreprise concurrente, qui racontait inlassablement les mêmes histoires. Il frappait régulièrement la table du plat de sa main ou de la pointe de son index. Il lui arriva même de perdre toute retenue et de taper du poing sur la table.

Carole, au contraire, les mains posées sur les genoux ou au bord de la table, faisait des gestes les plus discrets possible au-dessus de la table. De toutes les fibres de son corps, Carole signalait aux hommes présents à quel point elle se sentait mal à l'aise dans cette situation et qu'elle était sur la défensive.

Pour elle, la solution consistait d'abord à entrer dans la pièce avec un autre état d'esprit. Jusque-là, elle s'était comportée comme si elle était en fuite : « Il faut que je m'assoie aussi discrètement que possible, car personne ne doit remarquer à quel point je ne me sens pas à ma place ici. »

Au lieu de cela, Carole dut s'entraîner à entrer dans la pièce comme si elle donnait une réception officielle et que toutes les personnes présentes soient ses invités. Cette simple mise en scène eut pour effet que Carole se redressa nettement, rechercha davantage le contact oculaire avec ses collègues et ralentit l'allure. Elle prenait son temps pour saluer chacune des personnes présentes avant d'aller s'asseoir. Une fois à sa place, elle ne s'asseyait plus comme une écolière pendant un examen, mais elle prenait place comme une reine. Elle s'enfonçait le plus loin possible dans son siège, tout en gardant sa colonne vertébrale bien droite. Cette courte phase d'entrée dans la pièce et d'installation sur sa chaise communiquait déjà à ses collègues un tout autre message territorial. Elle rapprochait son siège de la table afin de poser non seulement ses mains, mais aussi ses avant-bras sur la table. Tandis que Carole posait ses avant-bras sur la table, la conversation sembla marquer une pause dans la salle de réunion – nous avons rejoué la scène avec plusieurs participants. Lorsque je demandai à son partenaire (= Romain) assis face à elle pour quelle raison il s'était soudain tu, il me répondit : « Ah, voilà quelqu'un ! » En d'autres termes : *jusqu'à présent, je pensais qu'il n'y avait personne* (!).

Avant cela, l'objet de la discussion n'avait pas vraiment d'importance pour ce monsieur : des paroles sans grand intérêt qui entraient par une oreille, avant de ressortir par l'autre. Tous les sens de Romain étaient concentrés sur un autre niveau de communication – sur des signaux non verbaux, et avant tout, sur des messages territoriaux. Ce n'est que lorsque la nouvelle arrivante communiqua ouvertement ses propres revendications territoriales qu'elle fut prise au sérieux – auparavant, ce n'était pas le cas ! En y ajoutant une certaine arrogance naturelle, elle eut toute l'attention de Romain.

Après la dernière scène, Carole se sentit soulagée, mais aussi un peu tourneboulée. Elle n'avait cessé de se demander quels arguments seraient les plus percutants pendant ces réunions et elle venait de réaliser qu'ils étaient secondaires par rapport aux revendications territoriales. En était-il vraiment ainsi ? Pas toujours, mais très souvent.

Bien évidemment, lorsqu'il s'agit de questions territoriales, tout le monde n'est pas à mettre dans le même sac. La riposte face à une attaque territoriale est une chose, mais la violation du territoire d'un collègue ou d'un supérieur hiérarchique – parce que l'on considère personnellement que les questions territoriales n'ont aucune importance – en est une autre. Au moins du point de vue de la communication verticale, le territoire et le pouvoir sont étroitement liés. La violation du territoire, qui est le fait d'un plus puissant, se règle généralement assez vite. *Quod licet Iovi, non licet bovi* (deux poids, deux mesures). Celui qui veut pénétrer dans le territoire d'un puissant s'efforcera si possible de ne pas commettre d'erreur, comme d'ouvrir une porte brusquement sans y avoir préalablement frappé. Même si la porte est ouverte, ce n'est pas une raison pour entrer dans la pièce sans marquer une pause à l'entrée ou demander si l'on dérange.

Le territoire d'un puissant est aussi un terrain miné. On ne peut pas s'en approprier un morceau, on ne s'y installe pas, et on ne le traverse pas sans autorisation.

Lorsque les bureaux sont conçus par des supérieurs hiérarchiques masculins, on peut aussi voir une certaine logique architecturale dans les barrières qu'ils érigent et les signaux de distanciation graduellement émis. Un aménagement tel qu'un vestibule dans lequel est placé le bureau de la secrétaire pourrait être comparé à un poste de gardien à l'entrée d'un territoire inconnu. Dans le bureau du chef lui-même, on trouverait alors tout un arsenal d'accessoires territoriaux pouvant s'utiliser au gré des situations : si je veux détendre l'atmosphère et transmettre un message à mon équipe, je me lève dès que quelqu'un entre et je m'assois près de la personne de façon à être à la même hauteur d'yeux qu'elle.

À l'inverse, si je veux intentionnellement mettre de la pression, alors je reste assis à la place du chef quand quelqu'un entre dans mon bureau et je ne lui adresse pas tout de suite la parole. Cela me permet d'exercer une pression territoriale qui est tout sauf agréable pour mon interlocuteur.

C'est pourquoi beaucoup d'hommes identifieront comme un signe de bonne volonté et de bienveillance un supérieur hiérarchique qui attend quelque chose de son subalterne, mais annonce : « Je viens vous voir dans votre bureau. » En effet, il n'a pas à le faire. Ainsi, l'employé a obtenu une sorte d'avancement virtuel – en échange duquel on attendra certainement de lui une contrepartie. Les mouvements en territoire inconnu doivent donc toujours avoir été mûrement réfléchies.

## LES TERRITOIRES AU BUREAU

### Bureau individuel

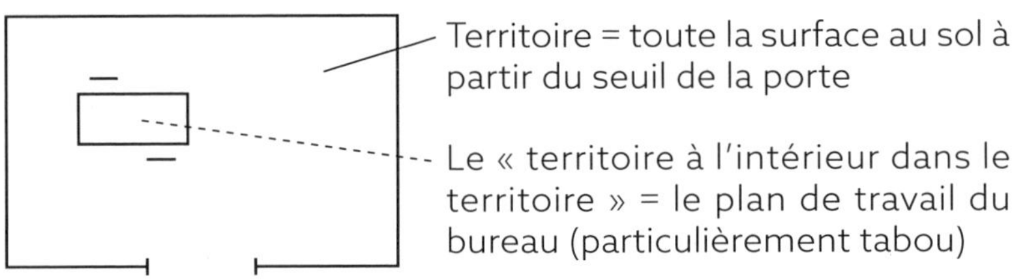


### Bureau en open space

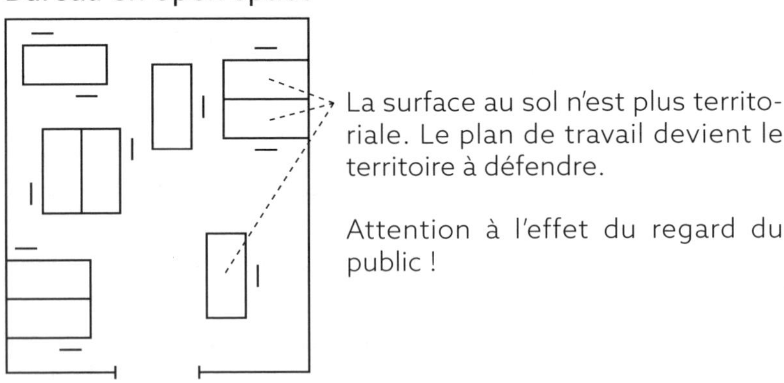

## Salle de réunion

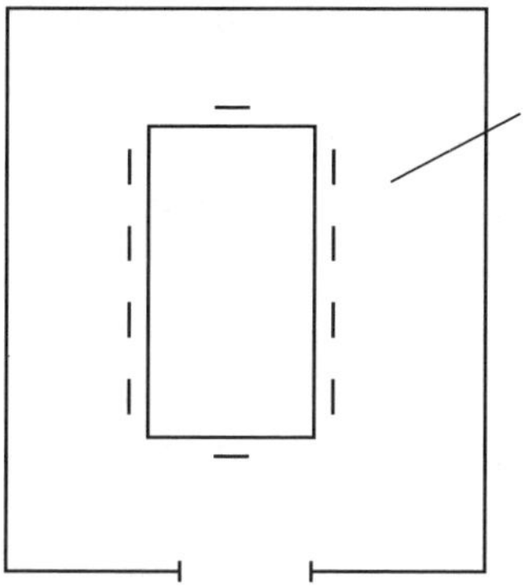

Un terrain « neutre » qui force les gens verticaux à marquer leur territoire - par exemple accaparer l'espace en disposant de nombreux dossiers.

Cas particulier de l'exposé : pendant la présentation, souveraineté territoriale provisoire de l'intervenant.

Plus la surface à travers laquelle une personne se déplace est grande et plus il y a de collègues présents à part moi, plus les communicants verticaux éprouvent de pression pour se comporter comme s'ils étaient sur une scène. Plus le territoire spécifique auquel je peux moi-même prétendre est petit, plus l'autre axe de mon système de communication, à savoir celui du rang hiérarchique, devient significatif. Il en est déjà ainsi dans l'open space ordinaire, et cela ne change pas avec les plus récents « bureaux paysagés inspirants » qui abrogent en apparence toute hiérarchie. Qu'il y ait des smoothies gratuits ou un baby-foot, que des caissons à tiroirs remplacent les bureaux ou qu'il y règne une ambiance de type lounge, les personnes qui communiquent verticalement ne cessent pas leurs jeux territoriaux ; elles ne font que les déplacer. Le bon espace de bureau fermé n'existe plus ; la réunion n'a plus lieu autour de l'habituelle table de conférence, mais dans un espace ouvert bien plus chic, avec des plantes vertes géantes et des tableaux d'Anselm Kiefer au mur. Et alors ? La scène sur laquelle j'évolue n'en devient que plus grande. Ma chorégraphie ainsi que mes outils de promotion personnelle n'en deviennent que plus visibles, et ma voix doit être encore plus forte pour s'y faire entendre (puisque ce théâtre a besoin d'encore plus de volume sonore). Sinon, tout est comme d'habitude…

Dans la seconde moitié du XXe siècle, l'anthropologue nord-américain Edward T. Hall élabora une nouvelle théorie scientifique qui s'intéressait au rapport à l'espace et qu'il nomma « proxémie » (du latin *proximus*, « le plus proche ») : « [...] L'ensemble des observations et théories que l'homme fait de l'espace en tant que produit culturel spécifique. » Même si cette discipline n'est connue que d'une poignée de spécialistes, elle mériterait pourtant d'être dépoussiérée et révélée au grand jour.

Les femmes n'ont pas besoin de partager ce rapport vertical au territoire et elles n'ont pas non plus à le valoriser personnellement. Mais lorsqu'elles y ont affaire dans leur vie professionnelle, elles doivent pouvoir l'identifier et y réagir de façon appropriée. Il n'est pas nécessaire d'apprécier ce jeu, mais il est indispensable d'en connaître les règles. Et on y joue bien quand, au moins au début, on y muscle son entrée en scène par une bonne dose d'arrogance.

## — CHAPITRE 2 —

# LA SUPÉRIORITÉ SANS PAROLES

### OU : POURQUOI LE CONTENU PEUT ÊTRE NÉGLIGEABLE

## FAUTE VERBALE

Dans le cadre de son stage en entreprise, Stéphanie, future doctorante, côtoyait des collègues très différents, aussi bien des cadres que des ouvriers et des techniciens. L'ambiance était relativement bonne au sein de l'équipe, et c'était aussi très sympa de se retrouver une fois par semaine pour un match de basket. C'est à l'une de ces occasions, un soir, qu'eut lieu la scène suivante : le match était déjà bien engagé, et la tension était grande lorsque Stéphanie, qui se trouvait sous le panier, commit une faute qui la mit elle-même en colère : le ballon lui échappa des mains. Cette petite faute permit à l'équipe adverse de marquer un point. À trois mètres d'elle, sur sa droite, se trouvait un technicien qui la regarda alors avec un certain mépris et qui lança dans sa direction : « Ah ! Ces intellectuels… »

Le commentaire contraria la jeune femme. Mais comme elle ne savait pas comment y réagir, elle fit semblant de n'avoir rien entendu. Elle avait beau rejouer la scène dans sa tête, elle ne trouva pas comment elle aurait pu s'y prendre autrement. Mélanie, une autre doctorante, vit tout de suite ce qu'elle aurait pu faire.

Le *sparring-partner* prit place, nous rejouâmes la scène, et Mélanie répliqua à la remarque désobligeante de l'homme en déversant un torrent d'affirmations indignées : la faute n'avait aucun rapport avec le fait d'être une intellectuelle ou pas. Les diplômés de l'enseignement supérieur sont aussi des personnes. Ce n'est pas parce qu'ils ont fait des études qu'ils ne savent pas tenir un ballon ; où allons-nous si nous commençons à nous écharper à cause de notre formation, etc.

Le « technicien » parut quelque peu décontenancé. Lorsque je lui demandai comment il se sentait, il me répondit : « Je n'ai pas compris ce qu'elle me voulait. Elle parlait trop vite. »

Contre toute attente, cette scène nous avait conduits à un modèle on ne peut plus classique. En effet, en cas de stress émotionnel, beaucoup d'intellectuels – et notamment ceux qui communiquent horizontalement – ont tendance à parler de plus en plus vite. Chez ceux qui communiquent verticalement, cela a pour effet de les faire décrocher et ils n'entendent plus rien. Ces derniers ont le sentiment que les personnes qui parlent vite sont désagréables, horripilantes ou surmenées. Pour l'actrice, l'augmentation du nombre de mots à la minute souligne l'urgence de sa requête ; en revanche, à partir d'un certain débit de paroles, l'interlocuteur vertical fera la sourde oreille. Des femmes remarquent alors que la fenêtre d'attention de leur interlocuteur se referme lentement, ce qui les pousse à parler encore plus vite.

Cela peut avoir un côté tragi-comique qui, de surcroît, n'améliore pas la situation, que la dispute se rapporte ou non à un thème touchant personnellement les participants. Dans notre exemple, le sens de la bordée d'invectives prononcée en si peu de temps avait totalement échappé à l'homme auquel elle s'adressait.

Une autre participante au séminaire avait eu une autre idée pour résoudre le problème. Le ballon lui échappa de nouveau des mains, le technicien prononça de nouveau son commentaire méprisant. Toutefois, la femme réagit de la façon suivante : elle se tourna vers l'homme, leva son bras droit, le regarda brièvement dans les yeux, serra le poing, déplia son majeur et se détourna sans prononcer un mot. Sans la moindre délicatesse, elle lui avait fait un « doigt d'honneur ». Voyant cela, le partenaire ricana involontairement.

À la fois incrédules et gênées, les femmes qui avaient observé le jeu de rôle se mirent à rire. « On ne peut pas faire ce genre de choses ! En tant que femmes ! En tant qu'intellectuelles ! » Je demandai au technicien ce qu'il ressentait et s'il avait compris le message de sa collègue.

« Bien sûr que j'avais compris ! C'était clair et, à part ça, tout était OK. »

Je demandai encore une fois pourquoi « tout était OK » alors qu'elle lui avait fait un doigt d'honneur et qu'il avait ricané.

« Et alors ? C'est un jeu, et elle m'a gentiment remis à ma place. »

Se sentait-il blessé ? Le technicien ne comprenait même pas ma question (!). Les participantes du séminaire s'étonnèrent : « Pourtant, c'était une insulte, une offense. Le problème aurait pu être résolu verbalement ! » Mais dans la situation du match de basket, l'incident devait être résolu dans un temps extrêmement court. Et, apparemment, l'interlocuteur était plus facilement convaincu par une rapide réaction non verbale que par un flot de paroles. Non seulement le geste avait fait mouche, mais il n'avait pas paru déplacé. Le match (de basket) pouvait continuer.

## LE POINT AVEUGLE DES INTELLECTUELLES

Le bref incident que nous avons tous vécu dans la salle de réunion révèle une structure de langage typique qui suit souvent des modèles de comportements stéréotypés. J'ai si souvent constaté ces schémas entre communicants verticaux et horizontaux que je les ai répartis en trois plans de communication conflictuelle.

Dans notre exemple, le technicien s'active sur un niveau qui est tout sauf intellectuel. Lors de la première mise en scène, la participante répond sur un plan verbal clairement intellectuel : constats sociaux généraux, justifications, recours à des valeurs éthiques, etc.

Elle a donc quitté le plan verbal non intellectuel sur lequel se place son opposant pour descendre à un niveau verbal et intellectuel. J'emploie sciemment le verbe « descendre » parce que nous ne basons ici notre évaluation que sur une réelle efficacité.

Lors de la deuxième mise en scène, comme la participante n'affronte absolument pas le technicien sur un plan verbal, elle s'élève au niveau le plus efficace. Voici à quoi ressemblent ces modes d'expression, représentés sur un diagramme en escalier :

### Degrés d'escalade dans un conflit vertical

Selon l'efficacité face aux adeptes d'un système de communication vertical (majoritairement des hommes) et PAS face aux adeptes d'un système horizontal (majoritairement des femmes).

| III. HIGH TALK | II. BASIC TALK | I. MOVE TALK |
|---|---|---|
| **Verbal et intellectuel** | **Verbal, mais pas intellectuel** | **Non verbal** |
| Arguments, raisonnements, culture générale, questions et discussions précises, niveau intellectuel ou professionnel, appel à la raison ou à des valeurs partagées. | Observations personnelles, subjectives, formulations simplistes, répétitions, insistance sur des aspects secondaires malgré la mise en évidence de problèmes spécifiques manifestement plus importants. | Attitude chorégraphique : langage corporel, posture, regard ; gestes simples, mimiques, modification de la distance spatiale – mais pas de fuite ! |

RÈGLE ÉLÉMENTAIRE

En général, les attaques peuvent uniquement être contrées judicieusement lorsque l'on reste sur le même niveau que celui sur lequel l'attaque a eu lieu ou que l'on passe au niveau immédiatement supérieur ; et pas l'inverse ! Même si les personnes concernées connaissent si bien le niveau inférieur...

Le *high talk* regroupe toutes les expressions exclusivement verbales dans un contexte de raisonnements plus vastes. Il s'agit notamment de l'échange d'arguments, l'évocation objective de détails et d'informations complémentaires, la participation à une véritable discussion où l'on tient compte du pour et du contre. Cela vaut évidemment aussi pour toutes les expressions verbales sur un niveau clairement spécifique ou académique.

Le *basic talk* n'a aucun rapport avec une discussion rationnelle et argumentative. Certes, il s'agit aussi de messages transmis oralement, mais ils sont toujours personnels, subjectifs, souvent partiaux et émotionnels, parfois manifestement offensants, et surtout très brefs. Des détails anodins peuvent prendre des proportions démesurées : le temps, une tache sur un vêtement, le sport, mais le ton peut être neutre, voire désagréable. Attention : quand les hommes reprochent aux femmes, comme ils le font souvent, de ne pas être objectives, il ne faut surtout pas se laisser impressionner par un conflit de pouvoir et de rang hiérarchique ! Encore une remarque : le niveau du *basic talk* n'a aucun rapport avec une offensive de charme ou un flirt. On n'y a jamais recours à l'ironie. Cette dernière n'a aucune prise sur une personne qui cherche simplement à s'imposer...

Le *move talk*, qui se passe complètement de mots, est pourtant le plus efficace ! La communication se sert principalement de la gestuelle et de mimiques, de changements de posture, de distance spatiale, de rythme. Chaque mouvement du corps a son importance. Un détournement de la tête, quelques pas en avant ou en arrière peuvent être déterminants. L'arrogance exprimant le rang hiérarchique n'est jamais aussi claire que sur ce niveau.

Les règles suivantes s'appliquent :

- Le move talk (non verbal) est plus fort que le basic talk et le high talk (donc que tous les niveaux verbaux).
- Le basic talk (verbal et non intellectuel) est plus fort que le high talk (verbal et intellectuel).
- En règle générale, les attaques ne peuvent être repoussées que si l'on reste sur le même plan ou que l'on passe sur un plan plus efficace – PAS l'inverse ! Cela n'a aucun sens de passer du niveau sur lequel je suis attaquée à un niveau moins efficace, mais qui me fait passer pour quelqu'un de personnellement plus agréable, habituée ou moralement irréprochable.

1^er^ exemple : face à une agression sur le plan non verbal (move talk), une réponse verbale/intellectuelle (high talk) a peu de chances de l'emporter – la réponse doit être non verbale dès le départ.

2e exemple : face à une agression verbale intellectuelle (high talk), je peux répondre sur ce niveau. Mais il est plus efficace de réagir sur le plan verbal et non intellectuel (basic talk), voire non verbal (move talk).

Ce modèle gradué n'est pas encore fondé sur l'éthique. Aucune note n'est attribuée dans la catégorie de la « transmission de valeurs ». Il ne s'agit pas non plus d'être *politically correct*. Ce dont on parle ici, c'est simplement d'outils de communication. Je dois tout d'abord me familiariser avec les outils et apprendre à les manipuler. Ensuite seulement, je déciderai en toute conscience de l'utilisation que j'en ferai (et décider de les utiliser ou non).

Je considère que mon travail consiste à représenter partialement les intérêts de mes clientes et clients, et c'est pourquoi j'analyse avec eux les stratégies qui fonctionnent et celles qui ne fonctionnent pas. En ce sens, ce modèle n'est rien d'autre qu'un classement par degré d'efficacité. En tant qu'intellectuel, je préférerais aussi que la communication verbale et intellectuelle ait plus de poids en cas de conflit. La réalité professionnelle est souvent tout autre. Je m'en suis rendu compte après des années passées dans un environnement de travail exclusivement masculin, celui du bâtiment. C'était un monde dans lequel j'ai appris que la communication non verbale et les déclarations non intellectuelles jouaient un rôle disproportionnellement important chez les hommes – sans manquer de discernement (!). La communication dans des groupes exclusivement masculins est loin d'être déficitaire. Toutefois, leur dynamisme et leur richesse d'expressions ont des priorités très différentes de celles de groupes purement féminins.

Cela me rappelle un incident qui remonte à l'époque de mon apprentissage. En tant qu'apprenti, j'étais non seulement le « non-fumeur » et « le gaucher » de l'entreprise – une grande menuiserie –, mais j'étais aussi le seul syndiqué. Par conséquent, j'étais très bien informé des niveaux de rémunération du personnel. Un jour, comme ma récente augmentation de salaire n'avait pas été répercutée sur ma fiche de paie, très naïvement, j'ai monté l'escalier pour aller me plaindre dans le bureau de la paie. Quand le chef a compris ce que j'attendais de lui, il s'est mis à me hurler dessus sans la moindre hésitation. Il m'a rabaissé plus bas que terre, et j'ai quitté le bureau avec le sentiment d'avoir été anéanti. Tous mes collègues présents dans l'atelier avaient très bien entendu ce qui s'était passé. J'avais même eu l'impression que les machines de l'atelier avaient été moins bruyantes. Je suis retourné à mon poste de travail, très abattu, lorsque j'ai entendu soudain un bruit de pas lourds. L'un des charpentiers avait traversé l'atelier dans ma direction, ce que notre chef voyait parfaitement du haut de son perchoir. Il a posé sa main sur mon épaule et m'a demandé : « Veux-tu une cigarette ? »

Cela m'a réchauffé le cœur. Je ne m'attendais pas à une telle expression de solidarité et je me suis senti tout de suite plus fort. Voilà quelqu'un qui se tournait ouvertement vers moi malgré un conflit (en me proposant une cigarette alors que j'étais non-fumeur) et qui ne me laissait pas seul. Merveilleusement réconfortant ! Et tout cela sur un plan qui n'avait pour ainsi dire rien à voir avec la communication intellectuelle. Cette personne s'était positionnée sur le premier et le deuxième niveau, instinctivement, ouvertement et démonstrativement. Move talk et basic talk. Le high talk n'aurait pas présenté de réel intérêt dans ce contexte.

Pour éviter tout malentendu sur le fait qu'une telle scène ne pouvait avoir lieu que dans le monde avare de paroles des métiers du bâtiment, je vais vous raconter un petit événement qui se produisit dans un environnement intellectuel plutôt très à l'aise dans le maniement de la joute verbale : celui des juristes au tribunal. Il s'agit de l'ouverture de la procédure d'appel contre l'interdiction du parti néonazi allemand devant la Cour constitutionnelle fédérale d'Allemagne, en 2016. L'avocat sûr de lui du NPD déposa plainte contre la partialité de deux juges. Cet avocat ne correspondait pas au cliché habituel de l'idiot nazi au crâne rasé. C'était un juriste roublard qui jouissait d'une certaine réputation parmi les gens du milieu. Dans le fond, sa requête était tout à fait discutable, notamment parce que l'un des juges avait été Premier ministre et qu'en tant que tel, il avait qualifié le NPD d'« abject ».

L'avocat déposa donc une demande correcte dans la forme afin que les deux juges soient révoqués. Le président de la Cour constitutionnelle, Vosskuhle, vêtu de sa robe, l'observa une première fois. Puis, il avala lentement une grande gorgée d'eau avant de se pencher en arrière. Après avoir marqué une pause, il déclara : « Merci beaucoup. Nous remettrons cela à plus tard. »

L'avocat : « Monsieur le Président, il me semble qu'il faut d'abord statuer sur la demande ! »

Le président, sans se départir de son calme : « Nous la traiterons pendant la pause de midi. »

L'avocat : « Monsieur le Président, il me semble pourtant que cette demande doit être statuée immédiatement. Je requiers la décision du Sénat ! »

Le président, avec nonchalance : « Mais non, nous verrons plutôt cela pendant la pause de midi. »

Face à cette argumention juridique de premier ordre, l'avocat de la NPD abandonna et passa à un autre sujet.

Est-ce si différent de ce qui se passe chez les ouvriers du bâtiment ? Certes, le juge ne porte pas la même tenue. Sinon, cela se passe exactement comme dans le diagramme en escalier que nous avons vu précédemment : l'avocat démarre en high talk ; le président passe au move talk (la démonstration du verre d'eau, le regard, le recul du buste), puis au basic talk, sans employer d'argumentation juridique, sans se défendre. À la place, il répète un simple énoncé : « Nous remettrons cela à plus tard [...] à la pause de midi [...] à la pause de midi. »

Pourtant, de nombreux intellectuels se sentent rarement provoqués dans leur propre image de soi par le diagramme en escalier. Une pédagogue répliqua un jour avec indignation que je voulais « revenir au règne animal ». Les personnes qui ont passé de nombreuses années à apprendre les nuances du discours ont évidemment du mal à accepter que cette même capacité à s'exprimer oralement ne leur soit d'aucune aide dans certaines situations. Ils ressentent comme une humiliation que ce qu'ils ont appris à la maternelle, à l'école, pendant leur formation et/ou leurs études ne puisse être appliqué judicieusement que dans certains cas et pas dans d'autres. Et ce n'est judicieux que lorsque l'autre se place lui aussi sur le même niveau.

Pour beaucoup, il est insupportable de devoir s'avouer que dans telles situations un tout autre mode de communication que celui de la discussion – impliquant des raisonnements exprimées explicitement et compréhensibles rationnellement – est nécessaire. Malgré le plaisir que je prends personnellement à une explication intellectuelle, j'ai l'impression que lors de leur formation, la majorité des intellectuels ont acquis une vision étroite de la communication.

Cela paraît évident, mais nous oublions bien trop souvent que nous n'avons pas seulement une tête et une bouche pour communiquer. L'ensemble du corps – avec sa capacité à interagir non verbalement dans de petits ou de grands espaces – vient compléter le langage.

« Nous devons nous accoutumer au fait que, parfois, les messages verbaux veulent dire une chose, alors qu'à un autre niveau, un message tout à fait différent est communiqué », nous rappelle Edward Hall. Dans le cadre de mon travail avec des clientes découragées ou frustrées, dont les explications fastidieuses ne permettent plus d'avancer productivement dans leur vie professionnelle, j'ai pu constater que de nombreux problèmes se désamorcent lorsque l'efficacité des différents niveaux de langage est prise en compte. Vous voudriez un autre exemple ? Avec plaisir.

# ÉPREUVE DE FORCE AU MINISTÈRE

Mireille avait une soixantaine d'années. Petite et bien mise, elle portait un élégant gilet orné d'une broche et des lunettes à la mode. Elle était toujours souriante. Elle devait bientôt reprendre la direction d'un service ministériel. La juriste se faisait du souci pour une discussion très désagréable qui l'attendait. Elle devait informer un collègue alcoolique et qui arrivait alcoolisé au travail, dès le matin, qu'elle l'avait signalé à la médecine du travail – ce qui aurait de graves conséquences sur sa carrière.

Nous avons préparé cette conversation en séminaire : Mireille invitait très poliment son collègue/sparring-partner à entrer dans son bureau, lui serrait la main et attendait qu'il s'assoie. Ensuite, elle l'informait des faits d'un air affligé et sur un ton consterné. Le collègue l'écoutait sans s'émouvoir. Au lieu de se répandre en explications, il lui répliqua froidement qu'elle se trompait. Il n'était pas alcoolique, mais diabétique. Il la poursuivrait en justice si elle osait propager de fausses allégations.

Mireille n'était plus si sûre d'elle. Elle tripotait nerveusement sa broche et ne savait plus quoi faire. Elle n'avait pas imaginé que la conversation prendrait une telle tournure ; elle réussit néanmoins à la conclure sans encombre. Ensuite, elle ne savait plus très bien si elle avait informé son collègue du fond du problème. Elle ne s'était pas attendue à être expédiée aussi froidement. En revanche, l'employé/sparring-partner avait le net sentiment d'avoir eu le dessus. En effet, il devait seulement ne pas bouger de sa position et tout démentir. Il était donc sauvé.

Lors de la prochaine tentative, Mireille améliora le contenu de son argumentation. Elle s'était renseignée sur le plan médical et ne se laissa pas impressionner par le prétendu diabète. Toutefois, cela ne changea rien au résultat de la discussion. Un autre essai durant lequel elle cita plusieurs personnes témoins de l'alcoolisme du salarié ne permit pas non plus de progresser. Comme auparavant, le collègue gardait l'avantage, niait tout en bloc, et Mireille ne prenait pas davantage confiance en elle, comme elle l'aurait souhaité.

Pourtant, la fonctionnaire ministérielle s'améliorait à chaque nouvelle tentative. Finalement, elle réussit à mettre elle-même au point la méthode la plus efficace : le collègue entre dans la pièce. Mireille a préalablement disposé son bureau de telle façon qu'il ne peut pas s'asseoir. Il se tient donc debout durant toute la conversation. Elle lui fait part de sa décision d'un ton sec. Lorsqu'il tente d'amorcer une discussion, elle le réduit au silence d'un air arrogant et lui montre la porte d'un mouvement de tête.

Il ne vient même pas à l'idée du collègue d'exercer une pression émotionnelle alors que, dans la première scène, il avait encore le sentiment de contrôler la situation. Mireille se sent libérée, fière d'elle.

La réaction des observatrices était intéressante, car la plupart n'étaient pas du tout d'accord avec la solution que Mireille avait fini par trouver : « Ce n'est pas une façon de faire avec les gens, et sûrement pas avec ses collègues ! C'est violent, voire brutal. »

J'interrogeai donc de nouveau le sparring-partner : comment avait-il vécu la scène ? À la stupéfaction des femmes présentes, il n'allait pas si mal. Dès qu'il était entré dans la pièce, il avait su que la chose était grave. Et lorsqu'il avait été confronté au problème par sa supérieure, qui n'avait pas pris de gants, il s'était même senti soulagé. Comme il lui était impossible de nier, c'était plus facile d'être d'accord avec l'issue de la conversation. Au fond de lui, il savait qu'elle avait raison. J'essayai encore de lui tirer les vers du nez et lui demandai, de son point de vue, ce qui avait été clairement différent dans la dernière version, en comparaison de la scène précédente dans laquelle l'argumentation verbale de Mireille avait toujours été plus nuancée. Sa réponse fut claire : c'étaient les signes non verbaux qu'il avait reçus de Mireille dès les premières secondes : le fait qu'elle l'ait empêché de s'asseoir ;

son silence offensif, puis le mouvement de tête agressif en direction de la porte.

Les femmes qui observaient la scène en furent bouleversées. La raison en est apparue lors du débriefing. Elles n'auraient pas aimé être traitées de la sorte. Mais ce raisonnement était erroné, car la scène se serait déroulée tout autrement si deux personnes qui communiquaient horizontalement avaient été confrontées. Toutefois, ce n'était pas le cas. Au contraire, les interlocuteurs déployaient des stratégies de communication différentes. Devant Mireille se tenait un homme qui voulait jouer à un petit jeu – pas un jeu particulièrement joli d'ailleurs –, et qui ne fut même pas vexé lorsqu'il remarqua que son adversaire en maîtrisait mieux les règles que lui. Il avait quand même essayé, même s'il n'avait pas eu de chance. Et il avait continué. Pas question de se sentir blessé personnellement.

Depuis son invention par le Britannique Keith Johnstone, la pratique du théâtre d'improvisation n'a cessé de démontrer le poids des messages transmis par le corps. Dans le monde anglophone, c'est même devenu une expression imagée : *Walk the talk !* signifiant « joindre le geste à la parole ». J'irai même encore plus loin : avec des communicants verticaux, l'ensemble des mouvements du corps, et même l'immobilité, est plus important que la parole.

À travers d'innombrables exercices, j'ai pu constater à maintes reprises qu'une déclaration verbale pouvait être totalement démentie par un geste, un maintien de la tête, une façon de se tenir debout qui signifiait le contraire. Ensuite, ce sont le ton, le tempo, la quantité de détails qui sont significatifs. À la toute fin, regrettablement, c'est au tour du contenu de retenir l'attention – toutes proportions gardées. C'est un fait que la majorité des orateurs devraient prendre en considération. Combien de conférences et de présentations ne sont perçues que comme un bruit de fond, au moins dans la phase d'introduction (pourtant décisive), par l'auditoire parce que l'orateur n'a pas tenu compte de ce fait ?

Vous aurez beau passer des heures à vous préparer et déployer des moyens techniques considérables, ce sera en pure perte si vous avez oublié quelque chose d'aussi évident que la présence de votre corps ou votre voix.

Naturellement, cela ne signifie pas que, lors d'un conflit ou dans le cadre d'un discours, le contenu exprimé explicitement n'a aucune portée. Toutefois, celui qui veut attirer l'attention doit avoir conscience que l'affaire peut avoir été réglée bien avant d'en arriver aux questions de contenu. Il arrive souvent dans un contexte professionnel, et plus particulièrement chez des communicants horizontaux, qu'il faille d'abord construire un cadre extérieur vis-à-vis des communicants verticaux afin de permettre un débat de fond. Ce cadre de communication est d'abord défini au moyen de signes non verbaux (move talk) et verbaux, mais surtout par des assertions non intellectuelles (basic talk). Il est regrettable que trop d'arguments tombent dans l'oreille d'un sourd si les adversaires ne communiquent pas sur le même plan.

## DES GÉANTS ET DES NAINS

Étant donné l'importance du move talk, ceux qui ont simplement plus grandi que les autres semblent avoir un avantage immérité ; ce thème semble jouir d'un succès intemporel auprès de nombreuses femmes. Même si, dans la vie privée, beaucoup ont le sentiment que c'est un handicap stratégique que d'être trop grandes, certaines supposent aussi qu'elles parviendraient mieux à tenir tête à leurs collègues masculins en cas de confrontation dans un cadre professionnel si elles étaient plus grandes qu'eux.

Beaucoup de gens – des hommes comme des femmes – surestiment tant l'importance de la taille qu'elles abordent certaines situations avec réticence, alors que cela ne se justifie souvent pas d'un point de vue objectif. Certes, dans un groupe ou un face-à-face, les grands ont plus de facilité pour se faire remarquer et s'imposer – mais ce n'est absolument pas garanti. Je considère que d'autres messages non verbaux sont nettement plus importants. Des personnes très grandes peuvent objectivement paraître pitoyables. Des épaules voûtées et une poitrine rentrée donnent plutôt une impression de manque de confiance en soi et de soumission – même si la personne est très grande. Au contraire, une poitrine bombée, des épaules droites et un regard franc dirigé vers l'adversaire produiront une impression de présence, et parfois même d'autorité. La petite taille de la personne n'y jouera là aucun rôle. Il est donc plus important de prendre conscience de l'effet pouvant être obtenu en fonction de la distanciation spatiale avec autrui. Quand je redresse suffisamment le buste, j'ai une position intérieure ferme, et cela s'exprime par ma posture. Si la personne qui se tient devant moi est plus grande que moi et qu'au cours de notre discussion, je dois l'amener à se pencher vers moi, alors ce n'est pas mon problème. Il en va de même lorsque la personne qui se tient devant moi est plus petite que moi et que je dois l'amener à lever les yeux vers moi. C'est un moyen d'inoculer de l'arrogance situationnelle, au besoin. Techniquement, dans un contexte professionnel, il est parfois utile pour les personnes de petite taille de ne pas se tenir trop près de leur adversaire en cas de conflit, sinon celui-ci risquerait d'avoir trop longtemps le plaisir de vous regarder de haut. Au lieu de cela, servez-vous de la force et du volume de votre voix – et pas uniquement pour discuter…

Dans ce contexte, Johnstone attire l'attention sur la signification de conscience de notre « statut ». Pour lui, il ne s'agit pas de statut social, mais de notre propre attitude vis-à-vis d'autrui. Il explique que nous oscillons tous quotidiennement et en permanence entre un statut élevé et un statut bas. Ces différents niveaux s'expriment dans nos gestes et dans nos paroles. En outre, il est convaincu que nous pouvons nous-mêmes choisir le statut que nous voulons endosser. La rupture du contact visuel avec un collègue ou un supérieur (« il n'existe plus à mes yeux ») peut permettre d'élever son statut personnel – tant qu'on ne repose pas tout de suite les yeux sur lui. D'après Johnstone, des gestes souples signalent un statut élevé, tandis que des gestes saccadés dénotent un statut inférieur. Agiter la tête est aussi un signe de statut inférieur. En revanche, la tenir immobile est gage de statut élevé.

Dans la plupart des cas, Johnstone a raison. La taille du corps est un facteur aussi négligeable que celle du pied ou des oreilles lorsqu'il s'agit du statut de collègues ou supérieurs masculins. En revanche, les premiers signes manifestés par une femme dans une situation sont quant à eux lourds de sens. J'ai connu plus d'une cheffe qui avait beau ne pas mesurer plus de 1,50 m, et pourtant des hommes grands et forts devaient faire un gros effort sur eux-mêmes pour entrer dans leur bureau. Ils craignaient la colère de la déesse. Non sans raison.

## ARROGANCE ET CETTE CHÈRE FAMILLE

Louise approche de la trentaine. Elle a les cheveux blonds coupés court, un visage fin, de grands yeux, et porte une tenue décontractée. Elle a un problème avec – en ses termes – « ces connards d'hommes au pouvoir ». Cela concerne plus précisément son beau-père et son beau-frère aux réunions de famille. Elle raconte que cela commence souvent dès son arrivée : soit ils ne la remarquent pas, soit ils lui disent à peine bonjour, mais elle a l'impression d'être traitée avec mépris. Chaque fois qu'une photo de famille est prise, elle n'y figure pas. Ces conflits familiaux n'ayant aucun lien avec ceux qui se déroulent dans un cadre professionnel, je me demandais si je pouvais les résoudre avec les techniques que j'utilise dans un cadre professionnel.

J'ai commencé par m'informer davantage : comment le beau-père se comportait-il exactement ? Eh bien, avança-t-elle lentement, ce n'était pas vraiment son beau-père, en fait. C'était plutôt le père de son ami. Je commençais à comprendre de quoi il retournait. Et le « beau-frère » ? C'était le frère de son ami puisque – elle était un peu gênée – ils n'étaient pas mariés. Avant de faire entrer le sparring-partner, j'avertis Louise : j'allais devoir être un peu méchant, mais finalement cela aidera pour trouver la solution au problème. En effet, je supposai que l'ensemble du noyau familial lui transmettait un message clair : tu n'as rien à voir avec nous. En tout cas, pas encore. Seulement après être mariée. Après, ça ira. Louise n'avait pas encore payé le « prix d'entrée » que la famille attendait. À peine l'avais-je dit qu'elle s'exclama que c'était justement là le problème – le mariage.

« Mais mon ami ne fait pas sa demande ! » C'en était presque tragi-comique. Bien évidemment, un Arroganz Training® n'est pas l'outil approprié pour résoudre un problème familial de fond. Ce que nous pouvions faire au maximum, c'était détendre un peu la situation. Avec l'aide du sparring-partner qui joua le rôle du beau-frère Bernard. Louise s'approcha de la porte d'entrée dans le sillage de son ami, qui fut accueilli par une accolade cordiale de la part de son frère. Puis vint son tour : un baiser léger sur chaque joue, quelques mots à peine audibles, puis Bernard détourna la tête pour discuter avec quelqu'un d'autre. Même les spectateurs trouvaient difficilement supportable la façon dont Louise avait été ignorée. Le groupe avait vu le pas en arrière involontaire de Louise, parce qu'elle avait clairement ressenti qu'elle devait garder ses distances.

La remplaçante de Louise voulait s'attaquer franchement à la situation en établissant davantage de contact oculaire. Essai suivant : Bernard entre dans la pièce, mais il flaire la combine et salue la petite amie de son frère en lui serrant la main, ce qui instaure encore plus de distance ! Lorsqu'il ressort, je conseille une étreinte offensive. Malgré les réticences de Louise, nous avons essayé. Bernard se campe dans l'embrasure de la porte et veut entamer le rituel de l'embrassade. Louise fait courageusement un pas vers lui et le prend dans ses bras. Cela lui fait quand même un peu peur et elle desserre immédiatement son étreinte. Ensuite, Bernard déclare contre toute attente qu'il a trouvé l'étreinte agréable : « Cela aurait pu durer plus longtemps. »

Pour Louise, cette action est ressentie comme pressante. Au dernier essai, elle prend son courage à deux mains et serre Bernard encore une fois dans ses bras d'un air décidé. Elle ignore toutes ses formules de bienvenue et le serre plus fort en riant amicalement. Bernard rit à son tour de bon cœur : « Oui… cela me fait très plaisir ! » Louise a du mal à le croire. Mais le sparring-partner n'a pas la moindre raison de lui mentir. Ce n'est qu'à cause de l'action souveraine de sa potentielle belle-sœur que Bernard finit par comprendre que cette femme ne compte pas pour du beurre, parce qu'elle exige de prendre sa place et qu'elle ne se laissera pas repousser par lui.

Une petite action physique effectuée sur le plan du move talk ne permet pas d'obtenir davantage de résultats. Les convictions d'un noyau familial ne peuvent pas être radicalement changées par une technique efficace dans le cadre professionnel. Et elle n'a pas non plus d'influence sur le petit ami qui est trop lâche pour faire sa demande en mariage. Mais offrir un peu de soulagement, pourquoi pas ?

## — CHAPITRE 3 —

# L'ATTAQUE VENUE DE NULLE PART

## OU : QUAND ON NE COMPREND PAS POURQUOI

## LA PERFIDIE DE L'AIR SYMPATHIQUE

L'une de mes clientes – une jeune enseignante motivée – vint me consulter parce qu'elle ne comprenait pas pourquoi elle n'avait pu faire valider son excellent projet de recherche. C'est une femme sûre d'elle, à la hauteur de ses fonctions et qui jouit d'une excellente réputation dans son domaine. Son projet de recherche a été mûrement réfléchi, le dossier de financement est bouclé et, pour l'université, cela aurait été un projet phare. Toutefois, il faut d'abord que le projet passe devant une commission composée de cinq professeurs, tous des hommes plus âgés que ma cliente. Ils écoutent attentivement la présentation de la chercheuse, d'une trentaine de minutes. Lorsqu'elle a terminé, tous se taisent. Enfin, l'un d'eux demande d'un ton presque familier, paternel : « Je n'ai pas eu le temps d'écouter les informations, chère collègue. Savez-vous quel temps il va faire demain ? »

L'enseignante a le sentiment que le sol se dérobe sous ses pieds. Comment est-il possible qu'un comité composé de scientifiques réagisse de cette façon ? Qu'a-t-elle mal fait ? Elle décide de faire comme si elle n'avait pas entendu la question et répète les données clés de son projet. Cela ne change rien au fait que le projet a déjà été enterré. La conversation se poursuit quelques minutes pour faire bonne figure. Mais lorsque la professeure quitte la pièce, elle sait pertinemment que c'est fichu.

Après examen de la situation sous l'angle du diagramme d'escalade, nous avons immédiatement identifié les niveaux qui avaient été activés : la professeure se trouve au niveau du raisonnement intellectuel (high talk), qui lui est habituel. L'assaillant – aussi jovial que soit l'air qu'il s'est donné : il a bien lancé une attaque – l'a scandaleusement attaquée sur un niveau verbal, bien qu'absolument pas intellectuel (basic talk). La professeure éprouve exactement ce que beaucoup d'autres intellectuelles ressentent dans une telle situation : elles ne peuvent pas concevoir que des gens se placent sur un niveau « plus bête » et se sentent impuissantes. Dans cette situation, la professeure réagit presque comme un jeune enfant qui met ses mains devant ses yeux et qui fait comme si la chose n'existait pas. Ignorer une attaque est tout aussi enfantin ; l'agresseur le ressent comme un encouragement. C'est un message d'impuissance que l'insolent collègue a sans doute même savouré. La professeure s'est alors repliée sur le niveau qu'elle connaît bien et a fait des remarques objectives sur son projet (high talk). Elle constate par elle-même que cela ne lui est d'aucun secours.

Nous avons joué cette scène à plusieurs reprises de différentes façons. Enfin la professeure prend conscience que l'attaque qui prend la forme d'un basic talk non intellectuel, mais verbal (la météo) ne peut être contrée que sur ce niveau. Elle finit par adopter le comportement suivant : exposé de la professeure, silence des messieurs, puis question provocatrice sur la météo. Maintenant la femme se lève lentement et, sans dire un mot, se dirige vers l'homme, extrêmement lentement, elle se penche vers lui, puis lui dit – calmement – tout près de son visage : « Non, je n'ai pas non plus écouté la radio... Mais il me semble que pour vous... il ne fait pas beau... pas beau du tout. » Puis, elle retourne toujours aussi lentement à sa place. Silence consterné, impressionné de ces messieurs. Cette fois-ci, ils ne savent pas quelle sera la suite.

La professeure a fini par comprendre qu'elle avait perdu la partie d'avance, car avant la présentation, elle n'avait imprudemment pas fait de lobbying au sein de l'université pour que ses collègues soutiennent son projet. Une faute décisive. Néanmoins, elle voulait, dans cette situation de conflit direct, garder son estime de soi afin de surmonter le sentiment d'impuissance et d'échec. Et elle y est parvenue. La perfidie de l'attaque du professeur était camouflée par son ton paternel et sa mimique courtoise, qui transmettent un tout autre message. C'est précisément pour cette raison que la professeure ne parvenait pas à croire ce qu'elle venait d'entendre. Il avait fallu un certain temps à son cerveau avant qu'il n'y voie clair dans le message qui était effectivement communiqué. Deux femmes qui observaient la scène demandèrent pourquoi le professeur s'était montré si odieux. S'était-il passé quelque chose au préalable ? Avait-il subi une offense personnelle ? Ce type de questions est relativement caractéristique : elles sont dues à un réflexe de compréhension. Il paraît inconcevable de se montrer aussi blessant par mauvaise humeur ou arbitrairement. Il devait bien y avoir une bonne raison ! Si on la connaissait, peut-être pourrait-on y remédier et détendre l'atmosphère. Comprendre pour parvenir à un commun accord. Comprendre pour éviter le conflit avant qu'il ne se produise.

Dans les faits, cette pression pour comprendre la situation en cours ralentit considérablement le temps de réaction. Pendant que je suis à la recherche d'éventuelles raisons explicites, implicites ou biographiques (enfance difficile ?) au comportement de mon adversaire, la scène continue de se dérouler sans que je ne fasse rien. Ma non-réaction persistante permet au camp adverse de gagner du terrain. Se livrer à son propre réflexe de compréhension face à une telle attaque aboutit à une paralysie. On ne devrait pas se le permettre. Il sera possible de s'interroger sur les motivations plus tard, lorsque la menace sera écartée. Alors pourra-t-on revenir sur un aspect particulier. Mais la devise ne peut être qu'« ici et maintenant » : aucune mansuétude pour l'attaquant, seulement l'identification du niveau de l'attaque – c'est beaucoup plus rapide ! Puis réagir sobrement. Les femmes qui assistaient à la scène admirèrent, d'une part, que leur camarade de combat ait trouvé cette solution ; d'autre part, la solution trouvée leur parut un peu effrayante. L'une des participantes fit un constat assez amer : « Ce genre de réponse ne me vient qu'après coup. Je n'ai jamais eu de repartie. » C'est ce que se disent sûrement la majorité des gens. En cas de conflit, il existe une solution miracle pour avoir de la repartie. La première réaction ne doit pas nécessairement être verbale. On peut facilement gagner du temps en commençant par gérer le conflit sur le plan non verbal – se lever, changer de place, regarder son adversaire tranquillement, se détourner, rire arrogant, etc., et alors seulement dire ce qu'il y a à dire.

Peut-être vous souvenez-vous d'une des scènes les plus célèbres de la littérature mondiale dans laquelle une situation aussi dramatique fut jouée devant un vaste public : l'Évangile selon saint Jean (Jean 8, 1-11) raconte comment Jésus se retrouva acculé dans un piège politique par ses adversaires, les pharisiens et les scribes. D'après la loi de l'époque, une femme adultère devait être lapidée ; celui qui pensait le contraire s'opposait à Moïse, le vénéré législateur d'Israël. Lorsque les pharisiens amenèrent à Jésus une femme qui avait été surprise en flagrant délit d'adultère, ils voulurent l'inciter à prendre une position contraire à la loi. La célèbre philanthropie de Jésus allait se retourner contre lui. Les pharisiens lui demandèrent donc en public ce qu'il comptait faire. Si Jésus se trompait dans sa réponse, il aurait été pris en défaut devant le peuple d'Israël. Que répondit-il à la question piège ? Pour commencer, il ne dit rien.

À la place, il se pencha en avant, regarda par terre et dessina avec son doigt dans le sable – comme le font les enfants. Mais il gardait le silence. Les pharisiens perdaient patience. Ils voulaient sauter sur leur occasion verbale et posèrent de nouveau leur question à double sens : « Que dis-tu ? » Alors seulement, Jésus se redressa et leur répondit : « Que celui d'entre vous qui n'a jamais péché lui jette la première pierre. » Puis il recommença à regarder par terre et à écrire dans le sable.

« Eux, après avoir entendu cela, s'en allaient un par un, en commençant par les plus âgés » (Jean 8, 7-9).

Bien joué. Jésus était passé d'un niveau intellectuel (high talk) à un niveau non verbal (move talk). Puis – *après* avoir gagné du temps – il avait répondu verbalement. Qu'est-ce qui nous empêche de faire comme lui ?

Les communicants horizontaux ont particulièrement tendance à démontrer leur sens de la repartie face à un conflit. Selon ce qu'ils auront appris dès la petite enfance, ils se trompent parfois en pensant que le langage ne se compose que de paroles. Non, le langage n'est pas seulement verbal, et surtout pas lorsque l'on a affaire à des communicants verticaux. En cas de coup dur, la pression pour avoir de la repartie dans la seconde peut conduire à un blocage massif. Ma réponse verbale à mon adversaire doit être pleine d'humour et d'esprit, elle doit être pertinente, elle doit montrer que j'ai reçu une éducation ; je veux aussi avoir les rieurs de mon côté. Et déjà, cela crée un stress qui bloque et paralyse les neurones. Rares sont les gens à qui vient la remarque pertinente et drôle à l'instant même où ils en ont besoin. Dans la majorité des cas, elle ne leur vient que bien plus tard ! Vous n'êtes donc pas idiote, mais on ne peut plus normale.

Voici quelques astuces et règles simples utiles pour se tirer d'affaire face à une escalade verticale :

- Quand l'éclair de génie tarde à venir, votre corps est toujours votre allié ! Faites-lui confiance – il sait souvent mieux que votre tête ce que vous devez faire. De simples mouvements physiques et spatiaux sont d'excellents remèdes contre la paralysie engendrée par la panique.

- Et l'espace dans lequel vous vous trouvez est toujours là pour vous ! En cas d'attaque verbale, vous pouvez donc TOUJOURS faire quelque chose avec votre corps et l'espace.
- Bourrez votre pipe en silence. Asseyez-vous majestueusement dans votre siège.
- Observez l'espace biologique qui se trouve sous vos yeux avec un intérêt distant (qu'est-ce donc – un insecte ?).
- Souriez d'un air supérieur (pas gentil !) ou affichez un visage inébranlable. Commencez par vous taire – cela suffit parfois. Le silence peut vous rendre bien plus service que vous ne le pensez !
- Ne vous précipitez pas ! Plus vous vous précipitez, moins vous paraissez maître de vous. Chacun des gestes que vous faites (lentement) vous fait gagner quelques secondes. Chaque pas vous fait gagner du temps, durant lequel vous pouvez réfléchir à une réaction verbale.
- Faites tranquillement quelque chose d'insignifiant dans la pièce, ouvrez une fenêtre, versez-vous un verre d'eau en manifestant une extrême décontraction, ou autre.
- Levez-vous, faites lentement le tour de la pièce (vous pouvez alors être certaine d'avoir toute l'attention de l'assistance), arrêtez-vous devant la personne. Prononcez le moins de mots possible (si besoin) sans être nécessairement objective.
- Vos mouvements ne doivent pas être pris pour une fuite. Vous devez rester visible.

Souvent, cela suffit.

## VICTIME PAR HASARD

Bien sûr, dans la vie professionnelle, on rencontre évidemment aussi des situations conflictuelles dans lesquelles on n'arrive pas à s'ôter de la tête que l'on se trouvait au mauvais endroit au mauvais moment. Il ne faut bien évidemment pas prendre ce type d'expérience trop à cœur. La théorie de la communication et les outils à disposition restent les mêmes dans ce type de situation.

Rachida avait organisé un congrès international, et planifié toutes les conférences et les ateliers. Pendant le trajet de retour, son supérieur ne tarissait pas d'éloges à son sujet. Le contrat à durée déterminée de Rachida touchait à sa fin et, d'après l'enthousiasme que son chef manifestait envers elle, elle se dit que ce serait une bonne idée que de demander par courrier dès son retour une attestation élogieuse à son employeur. Deux jours plus tard, son chef la convoqua dans son bureau. À peine s'était-elle assise que, d'un dossier suspendu, il retira l'e-mail qu'il avait imprimé et dont il avait surligné des passages avec un feutre jaune. Il lui demanda tout de go d'une voix forte : « Que vous a-t-il pris de demander une attestation élogieuse ? Hormis le dernier congrès, vos résultats ont été plus que moyens ! Je ne vais même pas me donner la peine – le chef s'était mis à crier – de rédiger une attestation. Je me contenterai de dresser la liste de vos tâches, sans commentaires. » Tandis que son chef continuait à fulminer, Rachida réalisa que l'intensité émotionnelle avec laquelle son chef s'acharnait sur son attestation n'avait aucun rapport avec ce qui lui était demandé. Quelque chose avait dû l'énerver prodigieusement, et elle était devenue la cible de son agressivité. Elle resta assise sans dire un mot tandis que son chef hurlant arpentait la pièce comme un lion en cage. Impuissante et paralysée, elle avait le sentiment d'être un bouc émissaire. Elle essayait bien parfois de formuler une objection telle que : « Mais le projet XY s'est très bien déroulé, non ? » Elle finit par renoncer et resta assise en courbant l'échine en silence. Enfin, son chef se tut et elle se pressa de quitter la pièce.

Il était manifeste que le chef de Rachida s'était tout de suite placé sur le niveau du basic talk (verbal, mais pas intellectuel), voire sur le niveau du move talk (non verbal). Elle, au contraire, lui avait initialement opposé des raisons objectives (high talk) – en pure perte. Nous avons rejoué la situation en séminaire. Mais Rachida, consciemment, ne resta pas assise sur sa chaise durant la tirade de son chef. Lorsqu'il hurlait et marchait en tournant en rond dans la pièce, elle se levait elle aussi.

Ils se déplaçaient alors tous les deux dans le grand bureau. Pour les spectateurs, l'ensemble avait un côté involontairement comique : le chef qui tournait en rond en hurlant et l'employée qui se déplaçait aussi à travers la pièce. J'interrompis brièvement le manège pour demander au chef ce qu'il ressentait. Il répondit qu'il était « dérangé » et qu'il voyait « cette dame-là » – il ne la désigna pas par son nom. On peut en déduire que a) auparavant il n'avait pas eu conscience de sa présence (!) et b) cela confirme que Rachida n'avait été qu'un déclencheur fortuit, que sa mauvaise humeur n'était pas sa faute. Et ça continua. À plusieurs reprises, Rachida tenta d'avancer des arguments. Mais cela n'eut aucune influence sur les beuglements de son chef.

J'interrompis encore une fois le jeu de rôle et racontai une anecdote pour clarifier la situation : il y a quelques années, j'étais assis, un soir, dans une auberge de village ; à part moi, peu de convives étaient attablés. L'aubergiste était une vieille femme fatiguée qui aurait bien aimé aller se coucher tôt et elle demanda aux convives de régler leur note. L'un des convives, qui avait beaucoup trop bu, se leva et se mit à faire des histoires. Il attrapa un siège par l'accoudoir et l'agita d'un air menaçant à travers la salle du restaurant, tout en lançant des injures à la tête des autres convives. Il était de plus en plus bruyant et furieux, pour une raison inconnue. Tout cela risquait de mal tourner. Est-ce que l'aubergiste tenta de discuter avec lui ? Non. Cela aurait été peine perdue. Elle se rapprocha de lui et lui parla d'un ton calme et uniforme, en prononçant des phrases courtes et simples, comme s'il avait été un petit enfant. Elle finit par se rapprocher lentement et posa sa main sur son épaule, le regarda dans les yeux et murmura des paroles apaisantes dont nous ne comprenions pas la teneur. Cela apaisa effectivement l'homme. Il reposa la chaise et se rassit.

Rachida comprit immédiatement le but de mon récit. Nous reprîmes la scène avec le chef déchaîné. Rachida se remit à marcher à travers la pièce, puis elle s'arrêta et commença à lui parler de la même façon que la vieille aubergiste. D'une voix grave et sur un ton apaisant, elle dit imperturbablement à l'homme en colère : « On se calme », « on se calme » – pause –, « du calme » – pause –, « du calme », elle répétait sans cesse « du calme », etc. Son chef finit par s'arrêter soudain au milieu de la pièce. Il laissa retomber ses bras et se tut. Silence. Je lui demandai aussitôt ce qui se passait. Réponse : « Je ne sais plus ce que je voulais dire… »

C'était maintenant au tour de Rachida de décider de la conclusion de cette situation ; en tout cas, elle ne pouvait plus s'attendre à recevoir d'attestation. Mais elle était très éloignée du rôle de bouc émissaire qu'elle avait joué précédemment ; la balle était dans son camp. Son chef attendait, en silence, les bras ballants, de savoir quel allait être son prochain mouvement. Rachida décida de mettre simplement un terme à la discussion en disant : « Je reviendrai vous voir dans les prochains jours. » Sur ce, elle quitta la pièce la tête haute. Son ressenti était très différent de celui qu'elle avait lorsque la scène fut jouée pour la première fois !

Dans le débriefing qui suivit, certaines participantes trouvèrent honteux de devoir parler d'une telle façon à un homme adulte. N'aurait-il pas été possible de formuler de meilleures raisons ?

Je fis revenir le sparring-partner dans la pièce et lui demandai ce qu'il avait ressenti dans le rôle du chef. De meilleures raisons ? Les aurait-il admises ? Il rit.

« Pas question. C'était comme si j'étais ivre... ivre de moi-même. »

C'est exactement ça. Nous en ignorons la raison et nous aurions pu spéculer longtemps. Quelque chose avait incité ce monsieur à se comporter comme un petit garçon en colère. De quoi s'agissait-il ? Une dispute avec sa femme ou ses enfants ? Ses chefs lui mettaient-ils aussi la pression ? Nul ne le sait. Mais ce n'est pas non plus ce qui nous intéresse ici...

Qu'il y ait des situations dans lesquelles on doive traiter des personnes instruites comme si elles n'avaient aucune manière n'est pas vraiment surprenant quand on y regarde de plus près. Avant de devenir des êtres cultivés, nous étions animés par des réflexes archaïques. Et nous le sommes toujours malgré notre instruction. Alors, pourquoi devrions-nous avoir honte d'être contraints de le prendre en compte ?

## COMMENT ÉMOUVOIR LES HOMMES EN ENTREPRISE

Le diagramme en escalier n'a pas seulement fait ses preuves dans le cadre de conflits clairs. Il peut aussi apporter des solutions à d'autres problèmes de communication.

Pendant plusieurs années, Marie avait géré de gros projets dans des entreprises internationales dans le secteur du bâtiment. Pourtant, elle n'avait jamais bien su comment féliciter ceux qui communiquent verticalement pour leur performance. Avec les femmes, cela ne posait pas de problèmes. Mais, avec les hommes, c'était une tout autre histoire.

Nous nous sommes penchés sur la question. Son partenaire, qui jouait le rôle du chef de projet, Serge, se plaça au milieu de la pièce. Marie, qui mesurait bien une tête de moins que l'homme, se rapprocha jusqu'à se trouver à un mètre de lui. Elle s'inclina légèrement pour accueillir Serge. Quelques femmes se mirent à rire involontairement. Elles avaient tout de suite compris qu'en tant que supérieure hiérarchique de cet homme, Marie n'aurait pas dû s'incliner devant lui.

À la prochaine tentative, Marie ne s'inclina pas et félicita Serge avec moult détails en se plaçant à un mètre de lui : il avait travaillé un an durant sur un projet qui s'était très bien achevé. Elle évoqua les conditions de travail difficiles, le grand nombre de collaborateurs et bien d'autres détails. Pour finir, elle lui serra brièvement la main. L'homme à qui il était rendu hommage de la sorte déclara que cette forme de reconnaissance ne le satisfaisait pas. Il lui manquait quelque chose, sans bien pouvoir exprimer ce que c'était.

Nouvel essai. Cette fois, Marie parla plus posément et plus fort. Elle serra la main de Serge assez tôt, bien que brièvement. Cela lui convenait mieux, mais il n'était pas pleinement satisfait. Il y eut encore deux ou trois tentatives à l'issue desquelles Serge n'était toujours pas vraiment content. À chaque essai, Marie parlait relativement beaucoup.

Je rappelai alors à Marie le modèle de communication en escalier et je lui conseillai de faire davantage appel à la communication non verbale, au move talk. Lors de cette dernière tentative, Marie se rapprocha lentement de Serge. Elle lui tendit la main sans dire un mot, et Serge la lui serra. Elle lui serra la main longtemps en exerçant une forte pression et en la secouant assez peu. Elle regardait Serge dans les yeux et lui dit simplement : « Alors, votre projet » – longue pause –, « super. Tout simplement… super ! » Un dernier regard, un léger hochement de tête en guise d'au revoir avant de sortir.

Serge était ravi. Il expliqua que, cette fois, Marie avait été « si enthousiaste » à propos de son travail. « Enthousiaste ? » Elle avait à peine prononcé un mot ! Comment aurait-elle pu être « enthousiaste » ?

« Oui... eh bien... Avec ses yeux ! » C'était donc ça. Le regard intense avait communiqué à l'homme une profonde reconnaissance qui lui avait totalement échappé sur le seul niveau verbal. Les yeux. Les paroles avares. La longue poignée de main. Tout cela était une manifestation d'enthousiasme pour Serge.

Il était évident que les personnes qui communiquent horizontalement auraient dû être félicitées tout autrement. Tandis que nous discutions de l'attitude à prendre face à quelqu'un comme Serge, une autre question s'était posée : qu'est-ce que ce contact prolongé avait de particulier ? Quelle était réellement l'importance de cette poignée de main ? Pour toutes les femmes présentes, cela semblait un point délicat. Et elles avaient parfaitement raison.

Quand les hommes touchent d'autres hommes, ils peuvent généralement utiliser une grande surface de leur corps sans que cela donne lieu à des malentendus. Dans un cadre professionnel, les femmes ne peuvent pas toucher une zone aussi grande sans risquer une mauvaise interprétation. Si une femme posait la main ne serait-ce qu'une seule fois un peu trop longtemps sur l'épaule d'un homme, celui-ci pourrait en conclure que sa collègue ou sa supérieure lui manifeste un intérêt érotique. D'après mon expérience, les contacts suivants sont autorisés dans la vie professionnelle :

D'homme à homme, les parties suivantes du corps peuvent généralement être touchées sans problème :

- épaules
- coudes
- avant-bras
- bras
- mains (poignée de main)

Le contact peut aussi être prolongé, mais il doit naturellement être stoppé au moindre signe de malaise.

De femme à homme, les parties suivantes du corps peuvent généralement être touchées sans problème :

- épaules
- coudes
- avant-bras (en position assise)…
- mais PAS le bras !
- mains (poignée de main)

Le contact ne doit pas être prolongé. Au contraire, il doit être bref (mais pas non plus précipité !). De manière générale, il ne doit pas être mou, mais appliqué avec une pression sensible. Dans la région des épaules, le contact peut être un peu plus long que sur le bras, et la pression peut même être un peu plus marquée. Il peut s'agir d'une tape plutôt que d'un effleurement. Une poignée de main pourrait, comme dans l'exemple ci-dessus, être prolongée. Là aussi, au moindre signe de malaise, il faut cesser le contact. Toutefois, ce processus peut être intrusif, notamment lorsque l'homme tient la main trop longtemps en voulant en faire un jeu de pouvoir. On peut alors mettre un terme au processus en s'écriant, par exemple : « Nous ne sommes pas non plus des amis pour la vie, alors vous pourriez lâcher ma main maintenant » ou bien « Je sais que ma main est géniale, mais nous devons passer à ce qui nous préoccupe maintenant ». Règle importante : toujours garder le contrôle – en cas de doute, riez, même si votre rire peut paraître un peu cinglant.

## — CHAPITRE 4 —

# LES PAROLES DU POUVOIR

## OU : QUAND LE LANGAGE DEVIENT UNE ARME

## LES HONORAIRES TRONQUÉS

Bertrand, directeur d'une agence de publicité, ne s'est pas tenu à ce qui avait été convenu dans le *brief* et il a raté un mailing. L'entreprise qui a fait appel aux services de l'agence est assez mécontente et réclame une remise de 10 % sur la facture. Karine, qui a passé commande à l'agence, doit téléphoner à Bertrand pour avoir une conversation qu'elle aurait préféré ne pas devoir mener. Elle prie son supérieur d'être présent lors de cette conversation afin de se sentir épaulée face à l'éloquent client.

Nous voilà donc confrontés à une situation dans laquelle les parties en présence ne se voient pas. Le niveau du move talk est donc exclu. Nous avons disposé les acteurs de telle façon que Karine et son supérieur soient assis côte à côte et que Bertrand, même s'il est présent dans la pièce – donc audible –, tourne le dos aux deux autres. Il ne peut donc voir personne et n'est pas non plus visible.

Nous avons joué la scène étape par étape. Karine téléphone à Bertrand. À peine entend-il sa voix qu'il la submerge de bavardage amical et inutile. Quand Karine arrive enfin à évoquer le fait que son travail n'a pas donné satisfaction, Bertrand devient encore plus mielleux. Il exprime une grande stupeur, se déclare prêt à mener une enquête sur-le-champ ; ne comprend pas ce qui s'est passé et décrit en long, en large et en travers le dévouement sans failles de ses collaborateurs : « Dans la phase finale, ils ont travaillé tard le soir pour mener à bien ce projet. »

Quand le supérieur de Karine s'immisce dans la conversation, il est salué avec exubérance par Bertrand. Cela ne change en rien le fond émotionnel de la conversation – il aurait pu continuer éternellement. Bertrand a la situation en main avec sa servilité, sa soumission et sa consternation.

Deuxième essai. Karine en vient plus vite au fait et son ton est un peu plus mordant, même si ça lui paraît assez discourtois. Elle remarque toutefois qu'elle n'a pas besoin du soutien de son chef. Sa fermeté suffit. Pour Bertrand, c'est plus difficile, mais il parvient encore à sauver la face en insistant sur les sacrifices qu'a dû consentir son personnel.

Troisième essai. Le chef de Karine ayant quitté la pièce, l'assistante est seule lors de la conversation téléphonique. Elle a choisi d'adopter un ton extrêmement sec et tranchant. Elle ne se présente plus par son nom, mais elle commence par prononcer la phrase suivante en articulant exagérément et avec une arrogance froide : « Je vais appliquer une réduction de 10 % sur vos honoraires. Vous avez mal fait votre travail. Je suis Karine, de la société XY. »

Bertrand se met à bredouiller, son flot de paroles s'arrête net, et il commence à avoir chaud. Il essaie encore de dire quelque chose, mais il est de nouveau interrompu par Karine, qui répète ce qu'elle vient de dire d'un ton aussi ferme : « 10 % de remise – à cause d'une qualité insuffisante. C'est compris ? » Bertrand ne trouve plus ses mots. Des yeux, il fait le tour de son bureau pour y trouver de l'aide, mais il n'y a personne. Aucune échappatoire possible. La conversation est terminée. Bertrand se sent minable.

Les femmes présentes le plaignent d'avoir été traité de la sorte ! Lorsque je lui pose la question, « Bertrand » répond sans hésiter qu'il ne se sent pas blessé. « C'était un problème d'ordre purement professionnel. » Encore une fois, les participantes au séminaire ont du mal à le croire.

Simuler une conversation téléphonique présente le gros avantage d'obliger à se concentrer sur les formes d'expression verbales. Nous avons vu l'importance de la communication non verbale dans une situation conflictuelle. Pourtant, de nombreux outils ont aussi fait montre de leur efficacité, même quand seules des réactions verbales sont possibles. Lors du premier essai, Karine se sent en position d'infériorité vis-à-vis de Bertrand dès le début de la conversation : elle avait voulu avoir une explication objective et factuelle. Bertrand, qui a deviné dès le départ que quelque chose ne va pas, amorce immédiatement une stratégie de défense. Karine a du mal à reconnaître la stratégie, parce que son interlocuteur lui paraît bienveillant. « Paraît » – car en réalité, il ne s'agit que d'un ton de voix amical. Dans le fond, ce ne sont que des formules toutes faites. Bertrand est un vrai professionnel. Par conséquent, il réagit avec une sorte de « judo moral ».

Si chaque fois que quelqu'un se montre gentil, on devait réagir de façon désagréable, alors on finirait par avoir mauvaise conscience ! D'un point de vue tactique, il s'agit d'une simple forme de chantage. Bertrand se sert impitoyablement de la courtoisie de Karine pour défendre ses propres intérêts. Les détails de la conversation importent peu ; tout ce qu'il veut, c'est, par un geste d'infériorité calculé, tirer parti du manque de détermination du camp adverse. On croit malheureusement à tort que, dans les situations conflictuelles, celui qui domine est toujours celui qui fait le plus de bruit et qui paraît le plus catégorique. Alors que c'est souvent tout le contraire : celui qui se plaint, qui gémit et qui suscite de la pitié offre si peu d'angles d'attaque qu'il domine la situation. Et cela se produit beaucoup plus souvent et intentionnellement dans un contexte professionnel qu'on ne voudrait le croire. Des gens comme Bertrand sont des maîtres de la manipulation et doivent donc être contrés professionnellement. Karine n'y est parvenue qu'à son dernier essai de conversation téléphonique.

Elle aurait d'abord dû comprendre qu'elle n'allait pas pouvoir mener une conversation avec une issue ouverte, mais simplement devoir transmettre un message. Il ne s'agit pas d'une discussion avec un échange d'arguments d'égal à égal ! C'est pourquoi il s'est avéré très efficace que Karine transmette son message immédiatement et sans mollir ; c'est particulièrement important lorsque l'on connaît l'habileté rhétorique de son interlocuteur. Aux bavards, il faut opposer des messages simples et concis. Même si les participantes trouvent que Karine manque de subtilité – « Vous avez mal fait votre travail » –, cela lui permet de transpercer bien vite l'enfumage verbal de Bertrand. Finalement, Karine a plus exprimé une déclaration de pouvoir que transmis un message de fond. C'est exactement ce qu'a compris son interlocuteur, qui pratique la communication verticale. Et même si, à la fin de l'entretien, il paraît très déprimé, il évalue parfaitement la conversation de son point de vue : ce n'est pas une dispute blessante sur le plan personnel entre deux personnes, mais uniquement un conflit professionnel. Deux jours plus tard, Bertrand n'a aucun mal à boire un café avec Karine pour discuter d'une autre mission…

## LA PAROLE EST D'ARGENT, LE SILENCE EST MORTEL

L'un des exercices que j'ai longtemps utilisés durant mes séminaires consiste à faire asseoir la participante et le sparring-partner qui communique verticalement sur des chaises qui se font face. Ensuite, la participante reçoit un long texte ennuyeux – un mode d'emploi technique ou autre – et elle doit le lire à son interlocuteur de façon à ce qu'il perçoive le texte comme un message de force. Je me souviens tout particulièrement de la prestation de Claire et de Daniel.

Ils avaient tous les deux environ vingt-cinq ans. Claire avait terminé ses études et avait tout de suite été embauchée comme chef de projet dans une entreprise d'informatique. Du jour au lendemain, elle était devenue la supérieure de son équipe, ce qu'elle avait de plus en plus de mal à gérer. Elle avait souvent le sentiment de ne pas réussir à s'imposer – notamment auprès d'un collègue à peu près du même âge qu'elle. Ce collègue mettait constamment des obstacles sur son chemin et faisait tout son possible pour déprécier ses compétences professionnelles. Daniel, le sparring-partner, joua le rôle du collègue. Note : la discussion ne porte pas sur une scène précise de la vie de l'entreprise, mais simplement sur le petit exercice qui consiste à lire un texte simple et à en écouter la lecture.

Au début, Claire parle trop bas et Daniel la regarde à peine. C'est caractéristique. Le fait que, dans des situations peu familières, beaucoup de communicants horizontaux parlent à voix basse et évitent le contact oculaire semble un réflexe pour se protéger : « Je ne suis pas important, alors ce n'est pas la peine de s'en prendre à moi. »

Ce fut vite corrigé, et Claire reprend sa lecture à haute et intelligible voix. Pourtant, Daniel ne se sent absolument pas concerné. À cela s'ajoute le fait que Claire est assise un peu trop loin de lui. Lorsque je le lui fais remarquer, elle rapproche sa chaise et change de posture de façon à appuyer son dos sur tout le dossier. Sans s'en rendre compte, Claire se tient maintenant assise bien droite et respire dès lors beaucoup mieux. Tant qu'elle est assise, comme dans le premier essai, le torse légèrement penché en avant et les hanches inclinées – comme le font initialement nombre de communicants horizontaux dans ce type de situation –, son diaphragme est compressé, et elle manque d'air pour respirer et parler. Maintenant, sa voix prend automatiquement plus de volume. Daniel remarque une petite différence, mais il n'est toujours pas particulièrement impressionné. Il faut avouer que Claire lit un texte très simple ! Je demande directement à Daniel ce que, d'après son point de vue, elle pourrait améliorer. Daniel lui donne quelques conseils d'un air renfrogné ; Claire fait une nouvelle tentative et lit plus fort qu'avant, en se tenant bien droite, en réduisant la distance et en multipliant les contacts visuels – mais ce n'est toujours pas suffisant. Sur mon conseil, elle essaie autre chose et sent Daniel se mettre brusquement sur la défensive.

Claire marque intentionnellement des pauses. Des pauses ! Pas un mot. Silence total. Dans un conflit direct, rien n'est plus efficace que de regarder son adversaire et de lui renvoyer un silence offensif qui permet néanmoins de transmettre une émotion : « Cause toujours – je n'ai pas besoin de faire de longs discours. Tu perçois très bien ce que je pense de toi. »

Renoncer aux mots et rester agressivement muet peut avoir un effet destructeur. Je conseille à Claire d'essayer cette méthode extrême. Cela a d'abord pour effet de ne lui permettre de lire qu'une infime fraction seulement du texte. Mais elle détient soudain toute l'attention de son interlocuteur, qui se sent maintenant très mal à l'aise. Le silence règne dans la pièce. Les femmes, qui observent la scène qui se joue entre Claire et Daniel, retiennent leur souffle. Elles remarquent qu'il se passe quelque chose de crucial sous leurs yeux. Elles assistent à la démonstration de force d'une femme qui a réussi à transpercer l'armure de son interlocuteur.

Nous donnons un dernier tour de vis. J'ai remarqué que, par réflexe, Claire avance sa main droite vers Daniel avant d'abandonner le mouvement. Je lui recommande de renforcer consciemment ce geste de la main. Après quelques essais, Claire pointe l'index droit à plusieurs reprises en direction de Daniel, tout en lisant certains passages. Daniel ressent ce geste comme une menace. La voix de Claire commence à monter dans les aigus. Apparemment, sa prestation lui procure même un certain plaisir. Daniel s'agite d'avant en arrière sur sa chaise. Ça fait longtemps qu'il a abandonné son attitude initiale d'attente décontractée. C'est le moment de porter l'estocade finale. Devant lui se tient Claire, dominatrice et arrogante, qui délivre son message d'une voix tranchante en marquant des pauses efficaces. Et tandis qu'elle martèle sèchement certaines phrases en posant la question rhétorique « As-tu compris ? », Daniel en a assez. À bout de nerfs, il me demande – à moi et pas à Claire – si ce n'est pas assez. Je lui réponds en lui demandant de quoi il en a assez. Il me répond : « C'est fini pour moi. » Je veux qu'il me dise ce qu'il a retenu du contenu. Il s'avère qu'il a complètement oublié de quoi traite le texte. Pourtant, il a parfaitement compris ce que Claire a voulu lui communiquer par sa posture.

Beaucoup de gens qui communiquent horizontalement commettent souvent l'erreur fondamentale et répandue de croire qu'ils ont pour mission d'entretenir la conversation. Il arrive beaucoup trop souvent que les participants qui communiquent verticalement s'adossent à leur chaise et assistent à l'agitation verbale de leur interlocuteur. La plupart des hommes en concluent que la quantité de mots exprimés ne signifie pas grand-chose en tant que telle, en tout cas pas dès le début. Il serait préférable de communiquer d'abord sur d'autres niveaux, afin que ce qui suit puisse avoir du poids. Chez certaines femmes, cela peut vite conduire à un désespérant numéro d'acrobatie verbale, qui leur vaudra au mieux les applaudissements discrets de spectateurs désintéressés parce qu'ils communiquent verticalement. En revanche, quand entre en scène une partisane de la communication horizontale qui sait manier les armes tactiques du silence et des messages succincts, l'attention du spectateur lui sera acquise.

Il est évident que le silence que Claire utilise ici n'a rien à voir avec la recherche désespérée des mots justes. Son silence intentionnel dans ce contexte n'est pas le comportement réticent d'une personne offensée, mais un acte offensif dans lequel elle se met dans la peau de celle qui contrôle la situation.

## ENTRÉE EN SCÈNE ET RIPOSTE DU MACHO

Il y a naturellement de plus gros durs à cuire que le bon Daniel. La tâche est plus compliquée – mais pas insurmontable – pour celles qui ont affaire à de vrais machos.

Helga est directrice des achats d'une grande entreprise textile qui, un an plus tôt, a racheté toutes les parts d'une entreprise d'Europe de l'Est. Helga doit aussi s'occuper des achats de matières premières pour cette entreprise. Mais lorsqu'elle s'est rendu compte lors de leur première rencontre à quel point ses collègues d'Europe de l'Est étaient des machos, elle a préféré laisser la gestion des affaires courantes avec ces messieurs à d'autres. Pourtant, tôt ou tard, malgré tous ses efforts, il ne lui sera plus possible de les éviter. Elle a un mauvais pressentiment concernant la conférence qu'elle va devoir tenir avec les directeurs locaux.

La tenue vestimentaire d'Helga est extrêmement sobre : elle ne porte que des couleurs foncées, sans se soucier de son look. Elle ne se maquille pas, et sa coiffure est simple. De toute évidence, comme le reflète la simplicité de sa tenue, elle accorde de l'importance aux solutions concrètes. Chez elle, il n'y a pas de faux-semblants.

La présentation vire au cauchemar. Helga se tient devant ces hommes à côté d'un *paperboard* pour expliquer l'état d'avancement d'un progrès technique. La langue de travail est l'anglais, bien que la plupart des hommes aient un niveau rudimentaire en français. Nombre d'entre eux sont vautrés sur de confortables fauteuils de bureau, le plus inclinés en arrière que possible, les mains croisées derrière la nuque. L'un d'eux interrompt régulièrement la directrice des achats venue de la maison mère. Il pose le plus souvent des questions simples, qu'il ponctue chaque fois par un « ma cocotte », voire « ma belle » ou encore « chérie ». Helga fulmine intérieurement. Alors qu'elle ne souhaite rien de plus qu'une atmosphère de travail productive, elle se trouve confrontée à une manœuvre sexiste. Que faire ?

Lorsque nous avons rejoué la situation, il est d'abord apparu à quel point Helga est crispée dès le début. Elle ne s'éloigne jamais du *paperboard* de plus d'un mètre et manifeste des signes d'anxiété perceptibles par tous les messieurs. Lorsqu'elle s'en rend compte, elle commence à se déplacer offensivement dans la pièce en s'approchant des spectateurs. L'atmosphère s'en trouve un peu changée. Toutefois, la donne change vraiment lorsqu'elle se met à réagir en reprenant le niveau de langage sur lequel elle est effectivement attaquée. En effet, personne n'a remis en cause ses connaissances techniques. Le plus énervant a été le « ma cocotte », moqueur et provocateur, contre lequel il ne sert à rien de réagir de façon factuelle et sur le fond.

Au bout de plusieurs tentatives et grâce à la participation du sparring-partner, elle parvient à cette solution : la fois suivante, lorsque son collègue ponctue une question par « ma cocotte », elle ne lui répond pas tout de suite. Elle laisse le « ma cocotte » en suspens dans la pièce tout en le regardant fixement. Enfin, elle s'approche de lui, répète sa dernière phrase, se penche vers lui, répète sa phrase lentement, sourit d'un air moqueur en le regardant de haut, presque méprisante, et lui demande à haute voix pour que tous puissent l'entendre : « As-tu compris ? Est-ce trop compliqué pour toi ? Faut-il que je te réexplique – mon chou ? »

Ses collègues éclatent de rire. On entend même un sifflement d'approbation. L'objet des rires est clair pour tous. Ce n'est qu'après l'emploi du « mon chou » que le thème de la présentation peut être creusé de façon constructive. En plus des signes non verbaux et de la tactique de répétition, ce qui est décisif dans cette situation, c'est ce que je qualifie de « frein émotionnel » ; un attribut pas désagréable, mais légèrement moqueur, employé sciemment dans un contexte par ailleurs professionnel : ici, le « mon chou ».

Pour que le collègue ne se sente pas seulement ridicule, Helga doit ensuite montrer qu'elle l'apprécie à sa juste valeur, boire démonstrativement une bière avec lui ou autre. Ainsi, le conflit a été réglé.

En une autre occasion, j'ai pu voir de quelle façon un homme ambitieux, de grande taille et à haut potentiel, qui avait pour habitude de couper la parole à tous ses collègues, se fit rabattre le caquet par une petite bonne femme qui se contenta de le tenir par le coude et de l'appeler « mon cœur » d'un ton condescendant. Il fut coupé net dans son élan.

Langage et pouvoir : mais quand la situation ne tourne pas à votre avantage, tôt ou tard, il faudra l'affronter. Les règles suivantes ont fait leurs preuves :

- Le contenu formulé est de second ordre ; ce qui compte, c'est le texte subliminal !
- N'ayez pas peur d'interrompre votre interlocuteur !
- Des pauses tactiques ménagées sciemment peuvent se révéler très efficaces.
- La « laideur » de votre propre voix doit être tolérée – y compris son volume. Car si, en cas de conflit, il fallait aussi veiller à avoir une voix mélodieuse, vous risquez de vous casser le nez !
- Particulièrement efficace : terminer vos phrases ou des paragraphes par des questions arrogantes (« Vous me suivez ? » ou « C'est clair pour vous ? »). Mais attention : il ne s'agit pas de phrases qui réclament effectivement la compréhension ou l'attention !

- Des phrases courtes avec des messages simples sont largement préférables aux phrases longues à l'argumentation fastidieuse.
- Les affirmations exprimées une fois peuvent être répétées souvent – même si l'on peut paraître un peu stupide.
- Plus le débit de parole est élevé, plus la position est faible ! Une élocution lente et claire conforte l'impression.
- Un langage précis et châtié si possible !
- Passer au niveau de langue le plus efficace permet aussi de se mettre en scène efficacement (et même lorsque l'on se contente du langage corporel du move talk !).
- Les contradictions non verbales de l'énoncé exprimé, comme des rires, un contact oculaire amical, des mouvements de doigts nerveux, etc. empêchent l'agression verbale de se dérouler comme prévu. Quand on ne pense pas vraiment ce que l'on va dire, alors mieux vaut l'exprimer plus tard !
- Au besoin, il est possible d'employer des freins émotionnels, comme « mon chou », « mon cœur », « lapin », etc.

La parole ne se limite pas aux informations concrètes qui passent entre les lèvres. Elle structure la vie humaine dans toute sa diversité ; elle lie aussi bien qu'elle peut délier. Le langage verbal et exprimé vocalement transmet aussi les signaux du rapport de force entre les sexes. C'est pourquoi on doit être capable de les utiliser en ce sens lorsque l'on est personnellement concerné.

— CHAPITRE 5 —

# L'INFAILLIBILITÉ QUOTIDIENNE

## OU : POURQUOI RIEN NE VA SANS COMPÉTENCES LINGUISTIQUES

## CONCILIATION DES INTÉRÊTS OU BESOIN DE STATUT

La jeune fille faisait son premier séjour en Angleterre, où elle était logée chez des parents. La mère de la famille qui l'hébergeait voulait connaître les plats préférés de la demoiselle. La réponse fut dégainée comme un boulet de canon : « Maïs ! » Silence. Incrédule, la mère reposa la question. La réponse vint sans tarder : « Maïs ! » L'hôtesse britannique avait du mal à le croire. Elle avait entendu « *mice* », qui se prononce comme le mot « maïs », mais qui n'a pas du tout le même sens – puisqu'il s'agit de « souris ». Il suffit d'un coup de téléphone à la maison pour que l'affaire soit élucidée d'un éclat de rire.

C'est une anecdote amusante. Mais quand on l'entend pour la deuxième ou troisième fois, on entrevoit l'étendue du fossé entre deux langues étrangères. Et cela n'est pas toujours amusant. Dans de nombreuses entreprises, il se produit des malentendus comparables entre les personnes qui communiquent verticalement et celles qui le font horizontalement, car il n'y a souvent pas de traducteur compatissant et de résolution pleine d'humour pour en venir à bout. La situation se complique considérablement lorsque les personnes concernées se sont préalablement entendues sur le fait que tous parlent la même langue – par exemple, parce que les hommes et les femmes ont les mêmes droits et qu'ils parlent donc la même langue. C'est une erreur qui coûte cher.

Heureusement, des personnes ont analysé de façon systématique les différences de langages entre les sexes. Parmi ces personnes qui se sont intéressées à ces « langues de genre » dans le monde de l'entreprise, la linguiste américaine Deborah Tannen étudie depuis de nombreuses années la communication entre les hommes et les femmes à l'université de Georgetown. En 1995, elle résuma ses découvertes dans un article passionnant, « *The Power of Talk: Who Gets Heard and Why* », dans lequel elle réfléchit aux langues des genres dans un contexte économique.

Tannen commence son article en reproduisant une conversation qu'elle eut avec le directeur d'une entreprise qui lui avait raconté qu'il n'avait souvent pas plus de cinq minutes pour prendre des décisions concernant des projets sur lesquels d'autres avaient travaillé cinq mois. Comme il lui est impossible d'entrer dans les détails pour juger le contenu des projets, il se tient à la règle suivante : quand la personne qui fait la présentation semble elle-même convaincue, il donne son feu vert. Dans le cas contraire, il met son veto.

Il est évident qu'avec ce type de critères de sélection, celui qui communique verticalement a plus de chances de s'imposer que celui qui communique horizontalement. Beaucoup de chefs le savent, et je l'ai moi-même constaté d'innombrables fois dans ma pratique professionnelle : quand des communicants horizontaux présentent un projet, ils en livrent non seulement les points forts, mais souvent aussi les faiblesses critiques – avec un léger accent sur le dernier. Concrètement, ce sont les meilleurs, les plus sobres ; en revanche, leur image à l'intérieur d'une institution ou d'une entreprise s'en trouve souvent ternie.

Dans sa grande naïveté, le chef d'entreprise supposait qu'il pouvait appliquer universellement ces critères de communication convaincante pour justifier de la solidité économique des projets. Le fait que cela ne serve probablement pas l'entreprise à long terme n'entrait pas en ligne de compte, du moment que cela lui simplifiait la tâche à lui. Ce cher homme est pourtant représentatif de beaucoup de dirigeants masculins.

Tannen affirme que les différences entre les comportements linguistiques verticaux et horizontaux surgissent dès l'enfance. D'après ses observations, les petites filles et les petits garçons développent des moyens de communication efficaces. Mais elle établit une distinction essentielle entre les deux. En effet, les petites filles développent des habitudes de langage qui se concentrent sur la dimension relationnelle, tandis que la majorité des garçons développent des rituels de conversation qui favorisent la dimension de statut.

« Les filles ont tendance à jouer avec leur meilleure amie ou en petits groupes, et elles passent beaucoup de temps à parler. Elles utilisent le langage pour négocier leur proximité ; par exemple, la fille à qui vous racontez vos secrets devient votre meilleure amie. Les filles apprennent à minimiser les façons de se démarquer par rapport aux autres et à valoriser les similitudes. Dans leur enfance, la plupart des filles apprennent que l'excès de confiance en soi les rendra impopulaires auprès de leurs semblables – même si personne ne prend une telle modestie au pied de la lettre. Un groupe de filles rejettera celle qui attire l'attention sur sa propre supériorité et la critiquera en disant : “Elle croit qu'elle vaut mieux que les autres” ; celle qui passe son temps à commander les autres est dévalorisée – “elle se prend pour la cheffe”. Par conséquent, les filles apprennent à s'exprimer en équilibrant leurs besoins par rapport à ceux des autres – à se sauver mutuellement la face, au sens large du terme.

Les garçons ont tendance à jouer tout autrement. Ils jouent généralement en bandes dans lesquelles tous les garçons ne se traitent pas comme égaux. On attend de ceux qui ont un statut élevé dans leur groupe de valoriser plutôt que de minimiser leur statut ; généralement, un ou plusieurs garçons seront considérés comme le ou les leaders. Les garçons ne s'accusent généralement pas de faire les chefs, parce que le leader est censé dire aux garçons de statut inférieur ce qu'ils doivent faire. Les garçons apprennent à utiliser le langage pour négocier leur statut dans le groupe en affichant leurs compétences et leurs connaissances, en défiant les autres et en relevant des défis. Donner des ordres est une façon d'obtenir et de conserver un statut élevé. Une autre façon consiste à occuper le devant de la scène en racontant des histoires ou des blagues. »

Tannen a bien évidemment conscience que tous les garçons ou les filles du monde ne sont pas à mettre dans le même sac. Par conséquent, elle préfère parler de modes de communication « vertical » et « horizontal ». Toutefois, elle s'intéresse à la règle et pas aux exceptions.

Peut-être avez-vous fréquenté une école ces dernières années et vous avez pu observer par vous-même les jeux des enfants à l'heure de la récréation. Vous aurez ainsi pu constater de vos propres yeux ce que Tannen affirme à propos de l'enfance et de l'éducation des filles et des garçons : les filles évoluent en petits groupes et sont souvent occupées à discuter avec une ou deux amies. Les garçons sont très souvent en bandes dans lesquelles un ou deux porte-parole s'imposent en racontant des histoires impressionnantes. Ils rejouent des exploits ou participent à des jeux bruyants dans lesquels les mots ont un rôle secondaire. Du fait de ces univers de langage très variés en fonction des sexes, Tannen en arrive à la conclusion suivante, comme dans l'exemple des Anglais et des souris : « On ne peut pas supposer que l'autre personne veut dire ce que nous voulons nous-mêmes dire lorsque nous disons la même chose de la même façon. »

Partout dans le monde du travail, même celui qui a peu d'expérience professionnelle constatera tout naturellement ces différences dans les comportements de communication qui sont forgés dans l'enfance. C'est justement ce qui m'a incité à développer le programme Arroganz Trainings®. Un jour, durant mes séminaires à l'université, je n'ai plus supporté que cela ne semblait pas poser de problème aux étudiants de faire un exposé devant le groupe sans s'être préparés, pour raconter tout ce qui leur passait par la tête, tandis que les étudiantes, généralement mieux préparées, possédaient souvent des connaissances beaucoup plus approfondies – alors qu'elles faisaient rarement état de leurs connaissances devant le groupe. En revanche, bon nombre de leurs camarades masculins se présentaient comme compétents alors qu'ils avaient bien peu à offrir. Ils n'hésitaient pas non plus à couper la parole aux autres ou à les critiquer sans raison.

Au contraire, les auditrices avaient beaucoup de mal à surmonter des obstacles considérables lorsque la même chose était attendue d'elles. Elles considéraient comme impoli de couper la parole et ne voulaient brusquer personne. J'ai bien souvent observé moi-même les constats établis par Deborah Tannen en matière de comportements de communication en groupe et je lui donne entièrement raison.

## L'ESPÈCE ÉTRANGE

Mais la naïveté du chef d'entreprise qui agit verticalement et qui présuppose que toutes les personnes de son entourage communiquent comme il en a lui-même l'habitude se trouve aussi dans l'autre camp. C'est justement ce qui explique, me semble-t-il – comme nous l'avons déjà vu dans de nombreux exemples –, que tant de femmes ont autant de scrupules à passer à un niveau plus efficace lors de confrontations professionnelles avec des hommes. Elles ne veulent pas blesser leur adversaire et considèrent leur comportement comme poli. En réalité, cette « courtoisie » repose sur une tout autre hypothèse. À savoir : la personne qui se trouve devant moi utilise le même système de communication que moi ; j'en conclus donc que cette espèce pense, ressent et gère les choses exactement comme la mienne. Ce profond malentendu est partagé par beaucoup de personnes qui communiquent horizontalement, sans qu'elles en aient conscience et indépendamment de leur position hiérarchique ou de leur niveau de formation. En réalité, il s'agit d'un mode de communication radicalement différent. Pas meilleur, mais différent. Par conséquent, le risque de malentendus croît énormément, et c'est pourquoi de nombreuses femmes s'étonnent d'avoir du mal à s'imposer, voire à s'exprimer clairement face à un supérieur ou à un collègue masculin – et la personne concernée réagit très différemment de ce qu'une femme aurait fait : ce que les communicants horizontaux considèrent comme un abus n'est pas du tout perçu de la même façon ; ce que les uns ressentent comme de l'insolence est perçu par les autres comme un message d'appartenance ; ce qui fait monter les larmes aux yeux des personnes qui communiquent horizontalement sera compris comme un gage d'action juste par les collègues qui agissent verticalement.

Celui ou celle qui travaille au sein d'un groupe, d'une entreprise ou d'une organisation quelconque fait bien de tenir compte des différences qui existent d'un système de communication à l'autre. Tout comme certains comportements ne peuvent pas être considérés comme allant de soi lorsque mon interlocuteur vient d'un autre milieu culturel, je ne peux pas non plus les manifester en tant que personne issue d'un milieu horizontal face à des personnes à tendance verticale. La familiarité apparente est trompeuse. De la même façon, je considère aussi comme insuffisante l'hypothèse selon laquelle les femmes ayant une compétence professionnelle supérieure n'évoluent pas professionnellement parce qu'il règne une conspiration maléfique chez les hommes. D'après mon expérience acquise auprès de clientes et de clients issus de différents secteurs, j'ai l'impression que, dans de nombreux cas, les tensions non résolues entre des mondes de communication étrangers y contribuent dans une large mesure. Pour ma part, je souhaite que davantage de femmes occupent des postes à responsabilités. Mais puisque bon nombre de ces fonctions sont majoritairement occupées par des hommes, les femmes qui ont envie d'évoluer ne pourront le faire sans apprendre une autre langue étrangère – celle d'un monde dans lequel la communication verticale prévaut.

N'est-ce pas injuste ? Pourquoi ne serait-ce qu'aux femmes d'apprendre à communiquer dans l'autre système et pas aux hommes ? Oui, c'est injuste et non, ce ne sont pas que les femmes qui doivent faire l'effort d'apprendre une autre langue.

Oui, c'est injuste que a) tant de postes de pouvoir soient (encore) détenus par des hommes et que – tant qu'il en est ainsi – b) les femmes doivent apprendre à parler leur « langue » – mais elles ne doivent pas se transformer en hommes ! Il ne s'agit pas ici d'une requête morale, mais simplement d'une démarche tactique. Ce n'est peut-être pas glorieux d'un point de vue politiquement correct, mais c'est très utile aux femmes dans leur carrière professionnelle.

Et concernant la deuxième question : non, il n'incombe pas uniquement à ceux qui communiquent horizontalement d'apprendre à parler la langue de l'autre. Ces derniers devraient aussi se familiariser avec les modes de communication du camp adverse, dans leur propre intérêt et dans celui de leur carrière. Mais ce n'est pas le propos de ce livre, qui s'adresse principalement aux femmes. Peut-être une petite consolation en passant : à partir de quelle proportion les femmes qui occupent des postes de direction (et qui peuvent donc imposer leurs propres normes de communication) ne sont plus considérées comme des espèces exotiques par leurs collègues ? Les avis des spécialistes divergent à ce sujet ; mais ce pourcentage est inférieur à 50 %. Il suffit qu'il y ait entre 10 et 30 % de femmes à l'étage de la direction pour que les hommes ne considèrent plus leurs semblables comme la mesure de toute chose.

Il est évident que les cadres dirigeants doivent être « bilingues ». Une enseignante qui ne tient pas compte des spécificités de la communication verticale essuiera presque à coup sûr des échecs auprès des garçons de la classe (et sans doute aussi auprès des collègues masculins rencontrés en salle des professeurs). Un enseignant qui ne tient pas compte du mode de communication horizontal de bon nombre des écolières ne s'étonnera pas de ce qu'il se retrouve confronté à des jeunes filles démotivées qui se déconnectent intérieurement. Il en va évidemment de même en entreprise. Cela se remarque très vite dans des secteurs dominés par l'un des sexes : une femme qui est cheffe dans un secteur technique doit savoir comment s'adresser aux hommes dans son entreprise afin de réussir professionnellement. Et un homme qui occupe le rôle de chef dans un secteur social ne pourra pas diriger ses collaboratrices comme un commando au combat. S'il ne s'adresse pas à ses employées dans leur langue, il risque de provoquer des blocages au sein du personnel, avec des répercussions sur les résultats de l'entreprise.

Comparer les différences de comportement des chats et des chiens avec les différences de langage entre ceux qui communiquent verticalement et horizontalement n'est plus très original, mais cela n'en reste pas moins une analogie parlante. Chez le chien, la queue redressée et la proximité physique ont une signification positive qui exprime un intérêt amical. Pour le chat, au contraire, la queue levée est un avertissement, et une faible distanciation physique est une provocation agressive.

Le chien qui s'approche d'un animal en agitant sa queue redressée et en le flairant, et qui constate que son congénère a aussi la queue redressée n'a aucun doute sur celui qu'il vient de rencontrer : il ne peut s'agir que d'un membre aussi curieux et de la même espèce que lui. En effet, il émet les mêmes signaux ! Voilà quelqu'un qui parle ma langue ! Ce n'est que lorsqu'il se rapproche et que – alors qu'il ne s'y attendait pas – des griffes viennent se planter dans son museau qu'il réalise soudain qu'il s'est complètement fourvoyé dans l'interprétation de ce message. Avec pour conséquence qu'il surréagit, avec l'envie de mordre, voire de tuer. Ce que le chat, à son tour, ne comprend pas. Cela ne vous rappelle-t-il pas quelque chose ?

Cette analogie animalière pourra paraître déplacée à certains – parce que nous sommes tous si instruits et réfléchis. Mais la profondeur du fossé de la communication dans la pratique professionnelle peut être établie empiriquement. Vera Zegers, linguiste à l'université de Maastricht, qui étudia le comportement linguistique des étudiantes et des étudiants au cours d'entretiens avec leurs professeurs, arriva à la conclusion suivante : « Les étudiantes ont tendance à insister inutilement et sans qu'on le leur demande sur leurs lacunes tout en sous-évaluant leurs connaissances. Même si j'ai lu vingt livres sur ce thème, je manque encore de confiance en moi… Beaucoup trahissent leur manque de confiance en soi en utilisant “on” à la place de “je”. »

Cette affirmation se vérifie aussi d'après mes propres observations. Avec une conscience de soi qui peut presque paraître grotesque, les dirigeants qui communiquent verticalement n'ont aucun scrupule à parler de « mon service », « mon magasin » ou « mon équipe ». Même si, en y regardant de plus près, on constate que les prises de décision dans l'entreprise n'incombent pas à une seule personne. Et que, loin d'être propriétaire de l'entreprise, le dirigeant concerné n'a été nommé que pour trois ans. Malgré tout, il diffuse des messages dans lesquels il s'identifie exagérément pour repousser les limites de ses prérogatives et y cacher des revendications de pouvoir.

Les personnes qui communiquent horizontalement parlent plus souvent de « notre équipe » ou « dans notre service », même si elles le dirigent depuis de nombreuses années. Le « je » apparaît nettement plus rarement. C'est aussi le cas lors de l'annonce d'un succès : tandis que les dirigeants qui se comportent verticalement affirment tout naturellement que « je » l'ai fait, « je » l'ai accompli, « je » l'ai décroché, beaucoup de femmes se posent en maillon d'une chaîne : « Nous nous sommes super bien débrouillées ! »

C'est formidable pour l'ambiance au sein de l'équipe ! Mais très probablement contre-productif pour sa propre carrière et sa réputation auprès de la concurrence masculine. Lorsqu'il s'agit d'évoquer sa propre contribution à une performance, les femmes doivent traiter différemment ceux auxquels elles s'adressent : il n'est pas indiqué de parler de *mes* bons résultats devant mon équipe de collègues féminines. Mais ça l'est lorsque je discute entre quatre yeux avec mon supérieur à tendance verticale, avec les gros clients ou lors d'une réunion avec les dirigeants. Non, ce n'est absolument pas déplaisant ou vaniteux. C'est judicieux.

Comme Tannen, Zegers attire l'attention sur une autre particularité linguistique qui exerce globalement un impact très différent sur ceux qui communiquent verticalement de ce que souhaiteraient ceux qui communiquent horizontalement : l'emploi du conditionnel. Tandis que beaucoup de femmes considèrent cette forme verbale comme une marque de politesse et de retenue, pour les hommes, elle trahit davantage une impression d'incertitude et de perplexité. « Je pourrais. » « J'aurais aimé. » « Il serait préférable. » « Probablement. » « Peut-être. » Éviter absolument les formulations directes ayant un caractère d'exhortation ! Ne surtout pas tomber dans le discours à l'indicatif privilégié par ceux qui communiquent verticalement : « Je vois ça comme ci. » « Je pense. » « Ça marche comme ça. » « Qui a dit ça ? » « Rien ne s'y oppose. » « Je ne vois pas ça comme ça. » « Ça ne va pas. » « C'est bon. » « Il me faut ci. » Etc.

Les formulations peu sérieuses, à visée amicale ou qui communiquent peu d'informations précises, échangées sur le mode de la conversation ou qui sonnent comme une excuse, sont encore plus contre-productives : « Je suis désolée. » « Dommage. » « Ce n'est pas ce que je voulais dire. » « C'est ma faute. » Les femmes espèrent-elles par là que les hommes interprètent leurs paroles comme n'étant pas pertinentes ? Il est rare que ça marche comme ça. En cas de doute, ceux qui communiquent verticalement donnent un tout autre sens à ces explétifs – en les prenant au pied de la lettre. Ils réagissent donc en conséquence : « Elle est désolée parce qu'elle a échoué. Elle ne comprend pas. Je vais lui montrer comment faire… »

## L'AVEU DES FAUTES

Malheureusement, pour ceux qui communiquent verticalement, les personnes qui émettent des explétifs souvent atmosphériques – du type « Je suis désolée » – paraissent assez démotivées, voire dépressives. Pour eux, il s'agit de personnalités faibles qui se prêtent donc davantage à des accusations. Par opposition au traitement vertical de ses propres erreurs. Que diriez-vous d'une petite anecdote tirée de la vraie vie pour illustrer la différence classique entre les systèmes de communication ?

Une cliente dans la cinquantaine et un jeune vendeur se trouvent dans le rayon des arts ménagers d'un grand magasin. La femme demande au vendeur un rafraîchisseur de bouteille de vin :

« Vous vous y connaissez en rafraîchisseur de bouteille de vin ?

– Oui, bien sûr. Que voulez-vous savoir ?

– Sur le rayon là derrière se trouvent différents modèles… Comment fonctionnent ceux en argile ?

– Vous y mettez de la glace et, ensuite, le vin.

– Mais le rafraîchisseur est très étroit. Une fois que la bouteille s'y trouve, il n'y a plus de place pour les glaçons !

– Eh bien si, pourtant : d'abord la glace et, après, la bouteille. Pause.

La femme : « Vous ne vous y connaissez pas plus que moi, n'est-ce pas ? »

L'homme rit : « Voyons ça de plus près. Peut-être trouverons-nous des informations sur l'emballage. » En effet, dans le mode d'emploi du rafraîchisseur de bouteille en argile, il est indiqué que la glace ne joue aucun rôle. Il faut d'abord placer le rafraîchisseur au congélateur ou dans de l'eau froide avant de mettre la bouteille de vin dans le récipient préalablement rafraîchi. Sans ajouter de glace.

Le vendeur, qui vient aussi de lire le mode d'emploi, ricane : « Ah, voilà ! C'est clair maintenant. »

C'est un exemple typique de dialogue émaillé de réflexes verticaux parfaitement clairs. Il s'agit ici d'infaillibilité quotidienne. À la phrase d'introduction « Vous vous y connaissez en… ? », le communicant vertical répondra rarement par un « non » pur et simple. Que la réponse donnée sans la moindre hésitation à la deuxième question (« Comment fonctionnent… ? ») soit pourtant complètement fausse n'est pas non plus inhabituel. Même le fait de s'en tenir à l'affirmation fausse (« Eh bien si, pourtant… ») correspond au tableau. Même à l'invitation conciliante et charmante à reconnaître sa faute (« Vous ne vous y connaissez pas plus que moi, n'est-ce pas ? »), le vendeur répond qu'il a la situation en main (« Voyons ça de plus près »). Une fois que son erreur a été démontrée noir sur blanc, le vendeur n'y voit toujours pas là une bonne raison de reconnaître ses lacunes : « C'est clair maintenant. » Fin de la discussion. Rien n'indique qu'il n'y connaissait rien ! L'homme semble poussé à ne pas reconnaître ses erreurs tant que rien ne l'y oblige.

Le monde dans lequel vivent ceux qui communiquent horizontalement n'est apparemment pas le même que celui dans lequel habitent ceux qui communiquent verticalement, et le langage qu'ils considèrent comme courant n'en est qu'un parmi d'autres. Vera Zegers constata le même comportement que celui adopté par le vendeur chez les étudiants qui discutent avec leurs professeurs. Lorsqu'il s'agit d'aborder des fautes ou des omissions des élèves, elle remarque que, contrairement aux étudiantes, les étudiants ne se déclarent que très rarement responsables ou à l'origine d'erreurs ou d'échecs. Ces êtres ne sont-ils donc jamais coupables de quoi que ce soit ? Comme c'est étrange.

Ce n'est pas seulement l'attitude face à ses propres fautes qui peut conduire à l'étonnant malentendu entre les sexes. Le caractère désinvolte ou rituel de la résistance pendant un conflit est une autre cause d'erreurs d'interprétation fréquentes dans un contexte professionnel. Que les communicants verticaux puissent se disputer bruyamment et avec agressivité dans un bureau ou une salle de réunion sur un sujet précis et, peu de temps après, se côtoyer de façon détendue, respectueuse, voire amicale, est souvent une grande énigme pour les femmes. Des juristes, parmi mes clientes, m'ont raconté que souvent, lors d'un jugement, après le verdict, l'avocate se tient volontairement à distance de l'avocat de la partie adverse parce qu'elle est encore indignée au sujet du comportement agressif de ce dernier devant le tribunal. Dans le meilleur des cas, elle se contente de lui adresser un hochement de tête en quittant la salle. Quant aux avocats des deux parties qui se sont affrontés à couteaux tirés devant le juge, ils peuvent ensuite se raconter des blagues ou aller boire un verre. Ce qui paraît extrêmement grave pour les femmes ne l'est absolument pas pour les hommes.

Ce schéma constaté au tribunal, on le retrouve exactement dans de nombreuses entreprises. La plupart des dirigeants connaissent la situation à l'automne, lorsque le budget de l'année suivante est fixé. En général, on assiste à des luttes et à des tiraillements entre les différents services et domaines de compétences. On échange des remarques blessantes, on révèle des fautes commises par le passé et on assiste à une sanglante vendetta. Mais dès que le dirigeant décroche le budget tant attendu, il peut de nouveau se détendre et échanger de grandes accolades avec ses collègues.

Pour celui qui n'a pas l'habitude de ces rituels, tout cela ressemble à un théâtre absurde, surtout parce que la véhémence des échanges semble en totale contradiction avec la réconciliation qui suit.

Tannen qualifie cette agressivité désinvolte et superficielle comme un simple « combat rituel », et je partage son point de vue. Elle part du principe que de nombreux représentants du type vertical voient ces altercations comme une sorte de voyage d'exploration, sans parti pris, qui suivrait de bien étranges règles du jeu. « [Les hommes] exposent leurs idées avec un aplomb incommensurable, puis ils attendent de voir si elles sont remises en cause. Lorsqu'ils sont contraints de défendre une idée, c'est l'occasion pour eux de la mettre à l'épreuve. Dans le même esprit, ils peuvent jouer le rôle de l'avocat du diable en défiant les idées de leurs collègues – ils tentent de les saper et d'en révéler les faiblesses – tout en les aidant de cette manière à les creuser davantage et à les éprouver. » Cela peut se dérouler dans une atmosphère extrêmement tendue, mais quand c'est terminé, ça l'est vraiment.

Lorsqu'il m'arrive d'assister à ces comportements en réunion, je compare ce mode de communication avec celui des chauves-souris qui ne s'orientent que grâce au son ; sans ce radar, elles sont presque aveugles. Elles émettent un signal et lorsqu'il leur revient modifié, elles en tirent la conclusion qu'elles se trouvent face à un obstacle ou qu'il y a quelque chose qui bouge – donc mieux vaut s'arrêter de voler ou changer de trajectoire. Lorsque le signal ne lui revient pas, la chauve-souris est désemparée et tourne en rond jusqu'à ce qu'elle reçoive un écho, quel qu'il soit. Alors seulement se sait-elle en lieu sûr. Lorsque des communicants verticaux émettent une thèse sans preuve ni fondement au beau milieu d'une réunion, ils ont besoin d'une réaction quelconque, même si c'est un refus instantané. Lorsqu'ils ne reçoivent aucune réponse ou qu'ils ne perçoivent pas cette réaction comme une réponse, ils ne peuvent pas avancer. Plus ils émettent de signaux au cours d'une réunion, plus ils reçoivent de réactions (même sous la forme de réactions verbales les plus simples !), plus le tableau devient clair pour eux. C'est donc moins une question d'insuffisance ou d'incapacité à la considération ou au respect qu'un besoin d'orientation.

## LANGUE HORIZONTALE – LANGUE VERTICALE

La première étape pour apprendre une langue étrangère consiste à se rendre compte qu'il s'agit vraiment d'une langue étrangère. Ce n'est pas une étape évidente, car notre cerveau recherche constamment des similitudes, ce qui nous amène parfois à nous mettre dans le pétrin.

Pour que les femmes ne subissent pas constamment ces déconvenues dans leur vie professionnelle, j'ai constitué une sorte d'« antisèche » à l'attention de mes clientes, un petit glossaire – loin d'être complet ! – pour le quotidien du bureau. Il se base sur ma longue expérience professionnelle avec des clients et des clientes dans des entreprises et des organisations. Notez que le résultat n'a absolument pas de but moral – le japonais ne vaut pas mieux que le français ou l'hindi : c'est juste différent.

## Langue horizontale dans la vie professionnelle

| Dirigeant horizontal | Intention | Effets possibles sur les individus de type vertical |
|---|---|---|
| Demandes de précisions, de confirmations, excuses, assentiment | Créer une impression de proximité, une bonne ambiance de travail | Impression d'obséquiosité et d'incertitude |
| Lamentations sur un manque d'égard, à propos du fait d'être ignorée | Être davantage respectée | Impression d'hypersensibilité |
| Agressivité factuelle | Résoudre un problème | Acceptation : « Elle parle notre langue » ; loyauté |
| Emploi du conditionnel : « aurait, pourrait, voudrait, peut-être » | Être constructive sans se mettre en avant | Impression d'incertitude (« Elle ne sait pas ce qu'elle veut ») |
| Agressivité prenant une tournure personnelle ; tendance à rouvrir des conflits anciens | Se protéger contre de futures attaques verbales | Est ressenti comme injuste (« Ce n'était pas personnel ! ») |
| Jouer à la cheffe | Se faire de la place | Aucun problème ; gratitude |

## Langue verticale dans la vie professionnelle

| Dirigeant vertical | Intention | Effets possibles sur les individus de type horizontal |
|---|---|---|
| Affirmations, provocations, langage de la concurrence | Jouer à un jeu/rituel qui permet d'établir le rang ; affirmation de soi | Impression d'intimité blessée, de violence, d'agressivité → attitude de défense |
| Langage technique systématique | Concentration sur la solution ; établir l'équité et la justice | Froideur émotionnelle ; non-respect, affront personnel → violentes réactions personnelles auxquelles la personne qui en est à l'origine ne s'attendait pas |
| Attaques verbales | Jeu, voire compliment | Allégation de méchanceté et brutalité ; ressenti comme une attaque personnelle |
| Parler en mode « je » au lieu de « nous » ou « on » | Attirer l'attention sur soi, montrer sa compétence, incitation à la compétition | Impression de parade désagréable, démonstration de force |
| Signes non verbaux (tape sur l'épaule, haussement d'épaules, mimiques) | Peut être voulu comme un message clair | Sentiment d'inquiétude (« Pourquoi ne dit-il rien ? ») |

# — CHAPITRE 6 —
# L'APPEL À LA CHEFFE
## OU : POURQUOI IL NE FAUT PAS FUIR LES JEUX DE POUVOIR

## DU RIFIFI À LA CHARCUTERIE

Laurence, la quarantaine, dotée d'un bon sens de l'humour, a l'assurance et la sérénité de la commerçante dont les affaires marchent bien. Assistée de deux vendeuses, elle s'occupe de la boutique. Son mari est à la chambre froide ou à la boucherie, et il fabrique des saucisses et des pâtés bio réputés avec ses apprentis dans un atelier voisin. Régulièrement, le couple se dispute à cause des appels téléphoniques.

Ces disputes se déroulent de la façon suivante :

Le téléphone sonne. Laurence décroche : « Boucherie Sans-Os. » L'homme veut parler au chef. Laurence l'informe qu'il n'est pas là pour le moment. Son interlocuteur veut savoir quand le chef sera de retour. Laurence lui répond qu'il fabrique des saucisses. L'interlocuteur : dans ce cas, il peut bien parler au chef. Ne pourrait-on pas aller le chercher ? Laurence lui répond résignée : « Bon d'accord, mais ça risque d'être long. »

Laurence sait pertinemment ce qui va se passer. Elle demande à son mari de venir répondre au téléphone. Celui-ci est très contrarié d'avoir été interrompu. Lorsqu'il prend le combiné, le client lui passe commande de deux chipolatas pour le lendemain midi. Le boucher prend consciencieusement la commande, raccroche furieusement le combiné et demande à sa femme pourquoi elle l'a interrompu dans son travail pour une telle broutille. Résignée, elle lui répond : « Il voulait absolument parler au chef. »

Avant de rejouer la scène, j'attirai l'attention de Laurence sur ce que l'interlocuteur avait d'abord exigé. En effet, au départ, il n'exprimait pas exactement ce qu'il voulait. Il demandait simplement que le « chef » intervienne. Avait-elle la moindre idée de ce que l'exécution immédiate de cette requête impliquait ? Non, Laurence n'en avait pas la moindre idée. Il voulait parler au chef, alors il fallait aller chercher le chef.

Je m'attardai un peu sur son rôle au sein de l'entreprise. Il en ressortit qu'elle avait investi une grande part de son héritage familial dans la charcuterie. Qu'elle travaillait du matin au soir dans l'entreprise, et qu'elle représentait le commerce aux yeux du public. Le week-end, elle s'occupait aussi de la comptabilité de l'entreprise. Bref, Laurence jouait un rôle central dans l'entreprise. Ce n'était donc pas un hasard si tout le personnel s'adressait à elle en l'appelant « cheffe ». Je lui fis donc remarquer qu'elle pouvait aussi signaler à l'interlocuteur au téléphone qu'elle était elle-même la « cheffe ». Sur ce, nous avons rejoué la scène.

Le correspondant voulut de nouveau parler au chef. Laurence hésita un peu, puis se décida à lui répondre : « Vous parlez à la cheffe. » Courte pause de son interlocuteur, qui se décida à lui passer commande des deux saucisses pour le lendemain. Cette simplicité avec laquelle l'affaire fut résolue la déconcerta un peu. Le partenaire qui jouait le rôle du client fit un commentaire : « Je voulais parler au chef et c'est bien ce que j'ai fait. Pour moi, tout est réglé. »

Le correspondant n'avait pas commencé par demander un renseignement, mais il avait formulé un besoin hiérarchique. Une fois ce rang confirmé, il pouvait en venir au contenu. Cette scène courte et pas particulièrement agressive révèle des différences fondamentales sur le plan de la communication professionnelle entre les individus de type horizontal et de type vertical. Laurence avait communiqué avec l'homme comme s'il était du type horizontal, tout comme elle. Si cela avait effectivement été le cas, un message de rang hiérarchique aurait détonné. En revanche, beaucoup d'individus de type vertical ne peuvent intervenir dans une explication objective et factuelle que lorsque le cadre hiérarchique a préalablement été explicité.

Deborah Tannen a largement expliqué de quelle façon ce comportement se développe chez les hommes dès leur plus tendre enfance. Les personnes qui communiquent horizontalement n'y sont pas trop familiarisées au cours de leur développement, et c'est pourquoi elles négligent l'importance des demandes de rang hiérarchique des hommes : « Cela n'avait aucun lien avec l'affaire. » Parce qu'une majorité de femmes voient la communication plutôt comme une interconnexion horizontale, elles sont beaucoup plus rapides pour échanger des arguments d'égal à égal. Quant aux hommes, ils pensent majoritairement à une structure de communication verticale dans laquelle la hiérarchie doit tout d'abord être explicitée.

Souvent, une telle explication se référant au rang hiérarchique ne dure que quelques fractions de seconde, sans le moindre échange de paroles. Il suffit qu'une personne entre dans une salle de réunion en adoptant une posture particulière et en s'installant à une place précise : l'individu de type vertical comprend ainsi la prétention au pouvoir qui aura été posée. Une fois que celle-ci a été acceptée par toutes les personnes appartenant à votre système, le travail en équipe peut immédiatement commencer. Si tel n'est pas le cas, il se produit alors ce qui contrarie tant de femmes lors des réunions : alors qu'elles aimeraient enfin en arriver au vif du sujet, les hommes ne semblent discuter que de détails sans importance. Toutefois, ces discussions portant soi-disant sur des « détails sans importance » ne sont souvent rien d'autre que des tentatives pour établir la hiérarchie interne.

Les personnes qui communiquent horizontalement et qui veulent accéder à une position influente à l'intérieur d'un groupe professionnel ne peuvent donc généralement pas éviter d'adresser des messages hiérarchiques aux personnes qui communiquent verticalement. Tant que vous ne savez pas qui est le n° 1 autour de la table ou que vous voulez vous-même occuper cette position de n° 1, vous devez vous attendre à des tentatives de putsch. Techniquement, ces révoltes en réunion suivent exactement le modèle à trois niveaux que nous avons mentionné précédemment :

Niveau du high talk :

- Ressasser les faiblesses de l'organisation ou des procédures.
- Mettre en doute les compétences professionnelles.
- Argumentations obstructives.

Niveau du basic talk :

- Couper la parole en permanence.
- S'écarter de l'ordre du jour.
- Affirmations subjectives.
- Parler de sport, de ses vacances, de la météo, de sa vie privée (« La soirée a été longue hier ou quoi ? Tu ne supportes plus bien l'alcool ? »).

Et le niveau particulièrement efficace du move talk :

- Arriver en retard.
- Ouvrir la fenêtre.
- S'occuper démonstrativement de son Smartphone, de sa tablette ou de son ordinateur portable.
- Bips et sonneries émis lors de la réception de messages.
- Entrer et sortir brusquement de la pièce.
- Ouvrir bruyamment son sac (Velcro !) et autres.

Pour les personnes qui communiquent verticalement, ce jeu hiérarchique est effectivement loin d'être vécu par les participants comme offensant ou blessant émotionnellement. C'est un jeu ! C'est plutôt une sorte de compétition sportive, mais dont le résultat peut avoir une grande signification politique. C'est de cette façon que les hommes s'orientent dans leur environnement : « J'ai testé les limites et maintenant je suis content de savoir exactement quelle place j'occupe légitimement au sein du groupe. » Toutefois, ce type d'explication hiérarchique peut susciter plus d'agressivité que celle à laquelle nous avons assisté dans le cas de la charcutière et des deux saucisses.

## DUEL AVEC LE CHEF D'ATELIER

Après des études de sciences humaines, Fanny est tombée amoureuse du fils d'une dynastie du préfabriqué. Ce n'est qu'après son mariage qu'elle s'est rendu compte des conséquences sur son avenir professionnel. Évidemment, on attendait d'elle qu'elle occupe un poste de dirigeante au sein de l'entreprise, qui compte une centaine d'employés. Cette perspective était nouvelle pour elle, mais elle se laissa convaincre et, au bout de quelques années d'activité au sein de l'entreprise, elle y voit même de nombreux côtés positifs. À l'âge de 35 ans, elle prit la direction de l'entreprise avec son mari, et transforma peu à peu l'ambiance de travail et l'image de l'entreprise de façon très positive.

Mais face à certaines situations auxquelles elle est régulièrement confrontée, elle se sent impuissante. Tous les efforts qu'elle déploie pour améliorer l'atmosphère de travail sont traités avec mépris par un chef d'atelier qui s'appelle Jérôme. Professionnellement, le menuisier est irréprochable, mais ses relations avec les autres employés sont catastrophiques. La présence de clients dans l'atelier lui importe peu : il crie en permanence après quelqu'un. Bon nombre de ses collègues ne veulent plus travailler dans la même pièce que lui. Néanmoins, l'entreprise ne peut pas se passer de son savoir-faire. Fanny prévoit une discussion avec lui afin de lui demander, dans l'intérêt de la paix de l'entreprise et des répercussions sur ses collègues, de ne plus être aussi négatif. Elle veut donc attendre un moment calme pour aller le voir dans son bureau. C'est la situation que nous avons tenté de reproduire en séminaire.

Fanny se dirige vers le bureau de Jérôme et frappe à la porte. Elle y entre après y avoir été invitée d'un « Oui » prononcé d'un ton brusque. Elle sourit et fait quelques petits pas à l'intérieur de la pièce. En tant qu'observateur, cela m'a immédiatement évoqué l'image d'une personne marchant dans un champ de mines. J'interrompis la scène et demandai au menuisier (= le sparring-partner) ce qu'il ressent en voyant Fanny entrer dans son bureau. Réponse : « Elle n'a qu'à venir. Je n'ai rien à me reprocher – c'est mon bureau. » Jérôme se sent en position de supériorité. Mais c'est exactement là que le bât blesse.

Nous recommençons depuis le début. Cette fois, Fanny est assise à son bureau, incrédule, et elle demande à Jérôme de venir la voir. Avant qu'il n'entre, il m'apparaît qu'il ne se sent plus aussi détendu qu'auparavant. C'est donc une impression clairement induite par la notion de territoire !

Jérôme ouvre la porte du bureau de Fanny. Elle se lève, fait le tour de la table, l'accueille amicalement et le laisse s'installer sur une chaise devant son bureau. Ensuite, elle retourne à sa propre place. Jérôme pose la main sur la table et demande à Fanny : « Qu'y a-t-il ? » Fanny se met à décrire ce qu'elle ressent lorsqu'elle l'entend crier. Ça la transperce de part en part, elle a honte devant les clients qui se trouvent là, les apprentis jugent les hurlements dégradants et, par-dessus tout, cette forme de communication ne cadre absolument pas avec le style de la maison.

Pause. Je demande à Jérôme ce qui lui passe par la tête. Il rit en croisant les bras : « Ça ne me touche pas le moins du monde. Elle peut continuer autant qu'elle veut. » Fanny éclate de rire, incrédule, en entendant cela. Les autres spectatrices trouvent elles aussi que la réaction de Jérôme est à peine croyable : pourtant, Fanny s'est donné beaucoup de mal pour expliquer ses raisons, sincères et authentiques ! Les hommes devraient aussi les percevoir.

Nous étions de nouveau confrontés à un malentendu linguistique typique. Pour Jérôme, l'explication communicative avait débuté longtemps avant que Fanny ne prenne la parole pour décrire ses sentiments. Elle n'a pas du tout conscience des messages qui ont préalablement été échangés. Au départ, Jérôme se sent mal à l'aise parce qu'il a été obligé de se rendre dans un bureau qui ne lui est pas familier. Mais il a vite repris le dessus : il a ouvert la porte du bureau sans frapper ; Fanny ne s'est pas attardée sur ce comportement : un point pour Jérôme. Fanny s'est même montrée amicale envers lui, elle a quitté sa table de bureau et l'a laissé s'asseoir avant de se rasseoir elle-même : trois points pour Jérôme. Elle l'a ensuite laissé prendre possession de la table en y posant la main : encore un point. Sur ce, il lui demande comme s'il s'adressait à une collègue : « Qu'y a-t-il ? » Puisqu'elle ne le reprend pas non plus là-dessus, il marque les trois points suivants. On en est déjà à huit-zéro pour Jérôme. Quand Fanny évoque ses impressions personnelles, les dés sont déjà jetés. Jérôme peut se reposer intérieurement et la regarder se débattre avec sa problématique. Lors du débriefing, il fut établi que le chef d'atelier s'était attendu dès le départ à un message de rang hiérarchique. Ne le voyant pas venir, il a le sentiment d'avoir gagné et écoute le reste du discours d'une oreille distraite.

Fanny est anéantie. Elle avait réellement de bonnes intentions. Elle voulait se montrer juste envers Jérôme, et ses arguments étaient tellement plausibles ! Pourquoi ne le comprend-il pas ? Réponse : parce qu'elle s'est adressée à lui comme s'il appartenait à son propre système de communication horizontal habituel.

Au bout de plusieurs tentatives et d'efforts intenses, Fanny comprend enfin qu'elle doit dès le début mettre en évidence sa position hiérarchique au sein de l'entreprise pour marquer des points face à un dur à cuire comme Jérôme. Le rideau s'ouvre pour le dernier round : Jérôme ouvre la porte, Fanny reste assise à son bureau. Alors qu'il s'apprête à traverser la pièce, elle le regarde et l'intime d'un ton sec d'attendre. Elle feuillette ses documents. Pendant tout ce temps, Jérôme se tient près de la porte et ne sait pas très bien comment se tenir. Enfin, elle lui dit : « Asseyez-vous. »

Jérôme s'assoit. Cette fois, il ne peut pas poser la main sur le bureau, car le bord de la table est encombré de différents objets : un téléphone, un agenda, un ordinateur portable. Fanny pose ses avant-bras largement écartés sur la table et interroge le menuisier : « Jérôme, qui est votre cheffe ? »

« Comment ça ? C'est vous, non ? » Pause. Fanny lui pose de nouveau la question : « Qui est la cheffe ? » Jérôme commence à s'agiter : « C'est vous, bien sûr. » Fanny regarde Jérôme droit dans les yeux, et lui dit lentement et en articulant exagérément : « Dans ce cas, en tant que cheffe, je voudrais vous donner une instruction officielle. » Tout à coup, Jérôme est très attentif. « Vous allez immédiatement cesser de crier après le personnel. » Pause. « Avez-vous compris ? » Jérôme hoche la tête sans dire un mot. Fanny : « Pardon ? » Jérôme marmonne en baissant les yeux : « J'ai compris. » Fanny continue à le fixer et conclut l'entretien : « Alors vous pouvez retourner travailler. » Jérôme sort. Dès qu'il a franchi la porte, je demande à Jérôme ce qu'il ressent.

« Ouais, que pourrais-je dire… Je me suis fait remonter les bretelles. Je ne pensais pas qu'elle en était capable.

– Et que pensez-vous maintenant de Fanny ?

– Respect. Elle a plus de caractère qu'on ne pourrait le croire.

– Sinon, avez-vous été blessé personnellement ?

– Non, c'est ma cheffe. Alors elle a le droit. »

Le chef d'atelier avait enfin reçu le message de pouvoir tant attendu. Ce qui lui permit d'avoir de l'estime pour sa cheffe. Évidemment, cette seule entrevue n'était pas la garantie que Jérôme renonce soudain à son habitude de hurler sur les employés.

Mais il est probable que Fanny aurait simplement besoin de le rappeler brièvement à l'ordre pour qu'il cesse ce comportement. Une employée aurait eu du mal à pardonner un tel comportement à sa cheffe. Mais il s'agissait d'un adepte de la communication verticale qui – comme c'est souvent le cas chez les travailleurs manuels – au quotidien, avait été plus formé à prêter attention au matériel et aux procédés techniques qu'à la communication verbale. Ça n'aurait donc pas eu beaucoup de sens de se placer au niveau des arguments verbaux, comme Fanny l'avait fait dans un premier temps. Ce n'est que lorsque Fanny avait montré à Jérôme qu'elle avait parfaitement conscience de son rang que ce dernier consentit à l'écouter.

Il en allait avec le chef d'atelier comme avec l'assistant de la chercheuse, le professeur perfide ou le dirigeant de l'agence de pub : une part essentielle de la stratégie de défense avait été extrêmement simple et concernait les réactions non verbales comme verbales. Je la qualifierais de « loi de la lenteur ».

## LE RITARDANDO DU POUVOIR

Des petits pas pressés. Des gestes vifs. Il ne manque plus qu'un débit de parole rapide pour que se produise un accident de communication avec le collègue qui se comporte verticalement. Lorsque ces personnes sont polies vis-à-vis de leur entourage, elles ne commencent pas tout de suite à bâiller ou à lire quelque chose. Mais qu'elles vous le montrent ou non : leur niveau d'attention chute rapidement. J'ai arrêté de spéculer sur leur motivation. Mon expérience m'a permis de constater à quel point les gestes trop vifs et le débit de parole précipité peuvent être désagréables pour ceux qui communiquent verticalement. Ceux parmi eux qui privilégient cette communication à haute vitesse devraient profiter de l'occasion pour se demander pourquoi leurs collègues ne les écoutent pas longtemps.

Qui, au sein d'une entreprise ou d'une institution, avance particulièrement vite dans l'espace ? Quel rang politique occupe ce type de personne ? En général, quelqu'un qui a reçu une mission quelconque et qui se dépêche de l'exécuter. Il est peu probable que la personne qui parcourt les couloirs à toute vitesse et qui traverse la pièce à pas rapides soit un dirigeant. En effet, une règle simple et visible de tous symbolise le pouvoir : celui qui détient le pouvoir ne court pas. Et inversement : celui qui court ne détient pas de pouvoir.

Autrefois, j'ai souvent été frappé par le comportement d'un vieux charpentier auquel un jeune supérieur donnait une instruction. Le vieux obéissait au plus jeune puisque, officiellement, il était son subalterne. Comment manifestait-il son manque d'empressement à obtempérer ? Il restait calmement debout pour écouter le jeune lui transmettre ses instructions, puis il se mettait au travail très lentement, à un rythme démonstrativement lent. Quiconque voyait la démarche extrêmement lente de cet homme savait immédiatement lequel des deux détenait effectivement le pouvoir. Certainement pas le jeune chef.

La règle de cette démonstration est aussi valable pour les femmes qui ont des prétentions au pouvoir. Une vraie cheffe ne court pas ; elle *laisse* courir. Lorsqu'elle entre dans une pièce, elle le fait à pas modérés ; personne n'a le droit de la doubler. Cela vaut aussi lorsqu'elle est en retard à une réunion – elle ne montre aucun signe de panique ! Elle reste aussi la cheffe lorsqu'elle a oublié quelque chose ou qu'elle s'est trompée. Pas de sentiment de culpabilité déplacé !

L'actrice anglaise Helen Mirren a reçu un Oscar pour son interprétation de la reine Élisabeth II dans le film *The Queen*. Pour le sujet qui nous préoccupe, cela vaut la peine de regarder le film attentivement ; pas tant pour l'histoire dramatique de la famille royale britannique que pour le langage non verbal de l'actrice principale.

En effet, la reine n'agit jamais rapidement : qu'elle reçoive le Premier ministre ou qu'elle se mette à l'abri dans une grange chaussée de bottes en caoutchouc boueuses et vêtue d'un imperméable trempé – elle ne se dépêche pas. C'est pourquoi l'on sent presque physiquement que l'atmosphère régnant dans la pièce change dès son entrée. Chacun sait instantanément de qui il s'agit. Ce ritardando du pouvoir ralentit aussi les expressions de la reine lorsqu'elle s'exprime verbalement. La froideur, le formalisme et la circonspection avec lesquels elle choisit ses mots pour mettre fin à une conversation téléphonique lorsqu'elle en a décidé ainsi – et pas son interlocuteur – sont sans égal.

Le réalisateur Stephen Frears dresse le portrait du maintien, de la position de pouvoir et de la lenteur dans la scène dans laquelle le Premier ministre Tony Blair, qui vient d'être nommé, présente pour la première fois ses hommages à la reine.

Blair entre au palais avec son épouse. Sur l'escalier couvert d'un tapis rouge qui mène à la salle de réception, le majordome prodigue des conseils au jeune Premier ministre à propos de l'attitude à adopter auprès de la dirigeante : frapper, puis entrer dans la pièce, rester à la porte, faire une rapide courbette, s'approcher ensuite de la reine à son invitation, ne jamais lui tourner le dos.

Pendant ce temps, l'épouse de Blair, qui doit patienter dans le couloir, trouve cela plutôt risible. Mais pas le Premier ministre apparemment. Il s'en tient scrupuleusement au protocole. Lorsqu'il franchit la porte, la reine l'observe à une distance de cinq ou six mètres, d'un air impassible et sans bouger. Ce n'est qu'après qu'il a fait sa petite courbette (on sait alors clairement qui est la cheffe), qu'elle affiche un sourire et avance de quelques centimètres vers lui en tendant la main dans sa direction.

Blair se dépêche de parcourir les quelques mètres qui les séparent et saisit sa main. Après une brève poignée de main, la reine commence à s'entretenir avec lui à propos de broutilles – « Avez-vous des enfants, monsieur Blair ? », comme si elle ne le savait pas –, puis elle se tourne brusquement tout en continuant à lui parler, le dos tourné et en faisant quelques pas dans la pièce – sans regarder Blair. Avec son arrogance royale, elle part du principe qu'il la suivra et, en effet, Blair n'a pas d'autre choix que de lui emboîter le pas. Elle l'invite à s'asseoir (sur un petit fauteuil) alors qu'elle est déjà assise (sur un grand canapé). Elle prononce alors cette question : « Vous a-t-on déjà montré comment déclencher une guerre atomique ? »

Le rire du Premier ministre paraît un peu forcé.

Cette scène du film semble tout droit sortie d'un manuel sur les messages de pouvoir émis par ceux qui communiquent horizontalement et verticalement. La profonde aversion de l'épouse de Blair vis-à-vis du comportement dominateur de la reine en dit long, alors que le Premier ministre semble manifestement toujours fasciné par elle et finit même étonnamment par devenir son allié. Dans l'ensemble de la scène qui va de l'ouverture de la porte du bureau jusqu'à sa sortie du palais, seulement deux personnes se déplacent rapidement : Blair et son épouse. La reine, quant à elle, montre toujours une lenteur impressionnante dans sa posture et ses mouvements. La signification de ce rythme lent ne fait aucun doute. Le commandement de la lenteur est gravé dans sa chair et dans son sang.

Les personnes qui communiquent horizontalement, qui occupent un poste influent au sein d'une entreprise, mais qui se déplacent comme des subalternes ne devraient pas s'étonner si elles ont du mal à faire reconnaître leur leadership par leur entourage. Une vitesse trop rapide exprime généralement de la servilité. Vous devenez le « bouffon du temps » (Sten Nadolny) et vous sapez ainsi votre propre autorité.

Normalement, les femmes qui se sont habituées depuis plusieurs années à un rythme soutenu tant pour leurs déplacements que pour leur élocution trouvent risibles ou exagérées les premières tentatives visant à ralentir la cadence. Même lorsqu'elles sont convaincues que leur rythme est déjà très lent, elles agissent souvent avec une vitesse qui, bien que réduite, reste trop élevée pour les personnes de type vertical (et qui correspondrait au rôle officiel des femmes).

Depuis des années, le psychiatre Joachim Bauer étudie le comportement des enseignants pendant leur cours. Il a pu constater que le contenu de l'enseignement communiqué verbalement ne représente qu'une fraction du contenu transmis. Ses recommandations aux professionnels de l'enseignement concernant la vitesse d'élocution et la posture physique ne sont pas très différentes du comportement de la reine Élisabeth : il faut se déplacer dans la salle de classe « comme le ferait un grand animal » (paisiblement, tel un souverain). Il en va de même en entreprise – à moins que l'on ne soit apprenti.

## LES HOMMES DANS LE CONTINUUM ESPACE-TEMPS

À l'époque où je dirigeais une petite entreprise qui appartenait à un grand groupe, j'étais constamment à la recherche de synergies possibles avec d'autres filiales. Une coopération judicieuse nous aurait permis à mes partenaires et à moi de gagner du temps et de l'argent. Dans ce but, je pris rendez-vous avec le dirigeant d'une autre filiale, Marc, pour boire un café – dans son bureau.

Lorsque j'y arrivai à l'heure convenue, la secrétaire me signifia de patienter quelques minutes parce que Marc s'entretenait avec un gros client au téléphone. Bien, ça peut arriver, me suis-je dit en m'asseyant dans le couloir devant la porte du bureau. Dix minutes plus tard, je commençai à m'agiter. Marc savait que j'attendais dehors. Que se passait-il ? S'était-il passé quelque chose ? Dans ce cas, on aurait pu me prévenir.

Je patientai encore cinq minutes, puis je me levai et remis mon manteau. Je frappai à la porte de la secrétaire, qui s'énerva dès qu'elle vit que j'avais remis mon manteau.

« Marc a certainement bientôt terminé ! » Je lui signifiai que j'avais moi aussi des obligations. Elle voulut prévenir son chef que j'étais sur le point de partir ; elle frappa donc à la porte, puis l'ouvrit. J'entendis sa voix qui parlait au téléphone, des chuchotements entre sa secrétaire et lui, et enfin sa secrétaire me transmit le message qu'il avait « bientôt terminé ».

L'heure convenue pour le rendez-vous était déjà dépassée de vingt minutes. Je souris à la secrétaire et lui dis de transmettre le bonjour à Marc, car je n'avais plus le temps d'attendre et je m'en allai. Je bouillonnais intérieurement. Son petit jeu était évident. Deux hommes de même rang s'affrontaient. Aucun n'était le chef de l'autre. Pourtant, Marc avait tenté de m'envoyer des signaux de supériorité : on ne laisse pas attendre aussi longtemps un égal que l'on respecte. Il avait voulu faire du temps une arme.

Dans cet événement, il ne s'agit pas de vitesse et de sa signification sur le plan du pouvoir, mais plus généralement du fait de disposer du temps d'autrui. Le chef peut laisser attendre un employé – bien qu'il faille aussi l'informer de la raison. Mais pas les partenaires commerciaux. Si j'étais entré dans son jeu, nos relations de travail auraient été faussées dès le départ. Mais nous n'en sommes pas arrivés là. Certes, Marc avait présenté ses excuses par téléphone par l'intermédiaire de sa secrétaire (!) et proposé un autre rendez-vous, mais je n'étais pas disponible. Résultat : aucune synergie.

Quelques mois plus tard, je rencontrai un employé de Marc dans un autre service dans lequel il avait demandé sa mutation.

Au cours de la discussion, il me raconta que son ancien chef usait systématiquement de ce manque de ponctualité calculé, et pas seulement avec moi. Mais j'avais été le premier qui ne s'était pas laissé prendre à la stratégie de Marc. Pendant des jours, Marc s'était plaint que j'étais prétentieux. Je ne m'en portais pas plus mal.

Dieu sait que ce n'était pas une mise en scène très originale. Mais, effectivement, elle est toujours déployée quotidiennement dans d'innombrables variantes. Du point de vue de son metteur en scène, la pièce ne fonctionne que tant que chacun s'en tient au rôle qui lui a été attribué. C'est pourtant ce que les personnes qui communiquent horizontalement ne feront pas lorsqu'elles craignent que quelqu'un qui est hiérarchiquement leur égal joue à un petit jeu de rivalité. Celui qui renoncera docilement à la maîtrise de son propre temps perdra de son poids politique.

## — CHAPITRE 7 —

# L'AUTRE TYPE DE SCÈNE

## OU : RIVAUX, ACTEURS ET EXTORQUEURS

## LES PETITS ACCROCHAGES ENTRETIENNENT L'AMITIÉ

C'est une expérience douloureuse que la plupart des hommes font tôt ou tard dans leur jeunesse. Elle éclaire la façon dont ceux qui communiquent verticalement se sentent et se comportent en groupe. Après l'école, on retrouve ses copains pour jouer au foot et on choisit les équipes. L'un après l'autre, chacun rejoint son équipe – et il ne reste que soi. Comme on se sent misérable ! Quelle humiliation.

C'est une expérience structurellement très significative, car pour les jeunes qui y prennent part, l'important n'est pas d'être le chef d'une équipe. Le plus important, c'est de jouer un rôle dans une équipe, aussi infime soit-il. Le pire, ce n'est donc pas d'être le dernier dans la hiérarchie. Le pire, c'est de ne pas avoir de place au sein du groupe. Et, en ce sens, les gens qui se comportent verticalement ressentent comme un bénéfice que, dans les organisations opérationnelles, les positions de pouvoir soient explicitées, que le terrain soit réparti et les responsabilités définies. Rien n'est pire que les fonctions de dirigeants officiellement attribuées qui ne sont pas remplies ou dont le caractère politique est renié. Cela ne peut conduire qu'à des insatisfactions chez ceux qui communiquent verticalement et à un stress déstabilisant. Et c'est parce qu'il est si important pour son propre bien-être de connaître sa propre position hiérarchique que tant d'hommes sont quotidiennement occupés à des jeux de rivalité.

Celui qui a eu la chance d'avoir grandi dans une famille avec plusieurs frères voit tout de suite de quoi je parle. Ça commence dès le lever.

« Pousse-toi, je veux me laver ! »

« Passe-moi le savon ! »

« Où est ma montre ? Hier soir, je l'avais posée là. Tu me l'as prise, espèce de crétin ? »

Petit accrochage, léger coup de coude, et la vie continue. Nouveau décor : salle à manger/cuisine.

« Passe-moi le beurre !

– Va le chercher toi-même ! »

« Tu as bientôt fini avec les pages sport ?

– De toute façon, tu n'y comprends rien. »

Tape dans le dos en passant, je manque de m'étrangler, chamailleries. Nouveau décor : l'entrée.

« Tu ne m'aurais pas piqué mon blouson ?

– Mets autre chose, pauvre tache. »

Et ça continue sur le même ton : sur le chemin de l'école, dans les couloirs devant les salles de classe, et cela ne change pas dans les bâtiments de l'entreprise. En effet, même si les mots sont un peu plus soigneusement choisis au fil des ans, au fond, le climat de rivalité n'a pas changé.

Ces messieurs du service marketing s'asticotent amicalement avant la réunion.

« Vous avez une aussi sale tête qu'hier. Ça ne s'arrange pas !

– C'est parce que je viens de vous voir. »

Grimace d'approbation, tape sur l'épaule.

Le gars du service commercial ne cède intentionnellement pas sa place au représentant devant la photocopieuse : « Ça peut durer encore longtemps », lui annonce-t-il en lui tournant son dos massif, même s'il copie deux cents fois la même facture. Le commercial a tout de suite compris le message et lâche en partant : « Attention au surmenage… »

À cela s'ajoutent les sentiments de camaraderie.

L'apprenti 1 pousse l'apprenti 2 sur le banc en lui disant : « Laisse ta place à celui qui sait faire. » L'apprenti 2 repousse l'apprenti 1 avec la remarque : « Ce sont les nuls qui bougent. » Et nous pourrions observer le même petit jeu, avec d'autres mots et des symboles interchangeables, jusqu'au comité de direction. À la fin d'une journée de travail parfaitement normale, une personne qui communique verticalement aura laissé derrière elle entre cent et deux cents de ces petites manifestations de rivalité qui, pour elle, étaient même très agréables.

Un jour, Giovanni di Lorenzo, rédacteur en chef du renommé *Zeit*, raconta, visiblement fasciné, qu'il s'était retrouvé dans une situation comparable avec un maître des jeux de pouvoir, l'ex-chancelier Helmut Schmidt. Dès les premières secondes, les hommes avaient amorcé le rituel du rang hiérarchique.

« Nous étions deux lorsque Schmidt entra dans la pièce. Il demanda : “Lequel de vous deux est le plus important ? Tu t'assoiras de ce côté, car j'entends encore à 20 %. De l'autre côté, je n'entends rien.”

– De quel côté vous êtes-vous assis ?

– Je ne m'en souviens plus. Mais nous étions choqués, car à chaque question que posait mon collègue, qui était un modèle de fiabilité et de préparation, Schmidt répondait alternativement par l'une de ces trois répliques : la question est fausse ; je ne comprends pas la question ; la question contient trois erreurs. Malgré tout, l'interview finit par être très bonne. »

Dans cet exemple, une personne qui ne manque apparemment pas de conscience de sa valeur affirme démonstrativement son rang dès le début de la rencontre. On peut aussi y voir une bonne dose d'arrogance quand a) on demande sans aucun état d'âme lequel des deux est le plus important, b) on tutoie deux inconnus sans prévenir, et c) on invite l'un des deux à s'asseoir du côté où l'on vient d'annoncer que l'on était sourd. Il ne subsiste aucun doute sur celui autour de la table qui se considère comme le numéro un. Même des intellectuels qui communiquent verticalement et qui sont de la trempe du rédacteur en chef du *Zeit* se prêtent avec empressement à ce rituel sans en être le moins du monde offensés. Avoir affaire à une personne qui ne fait absolument aucun effort d'argumentation (high talk), mais qui communique des signaux de rang hiérarchique sur le niveau beaucoup plus efficace du basic talk, les impressionna tous les deux sur-le-champ. On ne s'étonnera donc pas que deux hommes qui se voient rabaissés dans leur rang par un troisième ne le prennent pas mal et qu'ils affirment *a posteriori* que l'interview s'est finalement très bien passée. Les hommes sont familiers de ce comportement depuis leur petite enfance.

Beaucoup de communicants verticaux ne remarquent même plus qu'ils participent à ces jeux, puisqu'ils font partie de leur quotidien. À l'exception de confrontations plus âpres, ces petits jeux se déroulent sans encombre. Ils renforcent l'estime de soi, et cela apporte même un certain plaisir de mettre ainsi à l'épreuve sa position au sein du groupe. Non seulement ce n'est pas pénible, mais il vous manquerait sûrement quelque chose si vous ne pouviez plus y jouer.

Lorsque l'on discute des jeux de rivalité avec des communicants horizontaux, on s'aperçoit qu'ils les trouvent relativement pénibles. Lorsqu'ils y participent eux-mêmes, il leur arrive généralement ce qui est arrivé à l'une de mes clientes, qui était très fière de ne pas s'être laissé faire par l'un de ces collègues. Elle se demandait néanmoins quand cela allait s'arrêter. Tôt ou tard, on aurait atteint un niveau où il ne serait question que de la chose en elle-même. Beaucoup de personnes qui communiquent horizontalement attendent d'atteindre ce niveau. Mais pourquoi arrêterait-on de jouer à un jeu qui procure autant de plaisir ? Dans le meilleur des cas, il en ressort qu'à certaines périodes, on pratique beaucoup ce jeu, tandis qu'à d'autres, on y a recours avec plus de parcimonie. Mais de là à arrêter totalement ? C'est fort peu probable, surtout en ce qui concerne l'espèce verticale. Toutefois, il faut bien avoir conscience que c'est généralement bien un jeu. Un simple jeu. Si les femmes considèrent ce comportement comme pénible, c'est exactement parce qu'elles oublient que ce n'est qu'un jeu. Elles voient ces offensives comme des attaques personnelles qui déclenchent des émotions profondes.

Mes clientes se plaignent souvent de s'être senties si vivement attaquées par un de ces petits jeux de rivalité qu'il leur faut deux ou trois jours avant de trouver le courage d'en parler au collègue concerné.

Dans la majorité des cas, les hommes ne se souvenaient même plus de quoi il était question. Dans ce cas, la plupart des personnes qui communiquent verticalement ne manifestent pas de la mauvaise volonté – même si cela pourrait évidemment être le cas. Le plus souvent, il s'agit d'un simple comportement irréfléchi durant lequel les hommes ne réalisent pas qu'ils ne sont pas confrontés à une personne appartenant au même système qu'eux, mais qu'ils ont affaire à une personne issue du monde horizontal. Ce qui nous ramène au thème de la traduction.

L'ancienne secrétaire d'État Hildegard Hamm-Brücher expliqua que ces jeux pouvaient aussi avoir lieu lors des réunions officielles du gouvernement fédéral d'Allemagne : « Comme mon ministre, Genscher, était très souvent en voyage, je le remplaçais aussi très souvent au cabinet, où j'étais régulièrement assise à côté du chancelier. Une ou deux fois, il a même tenté de m'intimider, comme il aimait à le faire. J'ai riposté sur un ton amical, mais ferme. À partir de là, il m'a respectée… Pas de bonus pour les femmes pour Schmidt, plutôt un malus. Mais lorsque l'on ne s'était pas aplatie en tant que femme et que l'on n'avait pas paru offensée, alors on entretenait très vite avec lui d'excellents rapports. »

Dans leur vie professionnelle, les femmes se heurtent souvent à ce monde de rivalités mises en scène dès qu'elles ont affaire à des collègues, des employés ou des clients masculins. Elles doivent donc savoir les reconnaître, les évaluer professionnellement – et, comme Hildegard Hamm-Brücher, en cas de doute, ne surtout pas les prendre personnellement.

## VERTICAL DEVANT UN PUBLIC

Pour beaucoup d'hommes, cela fait une énorme différence qu'une discussion ait lieu entre quatre yeux ou devant des spectateurs. La seule présence d'une tierce personne change radicalement le cadre. Les méthodes présentées ici de l'Arroganz Trainings® fonctionnent aussi bien, que la discussion se déroule devant deux personnes ou devant un groupe. Mais j'ai souvent fait le constat que la résistance de la personne concernée est généralement beaucoup plus marquée dès qu'elle remarque la présence du public. Peut-être que les femmes y trouveront là une chance, car lorsque la situation impose qu'elles s'expliquent devant témoins, elles s'évitent ainsi de nombreuses discussions ultérieures. Tous les adeptes de la communication verticale auront reçu le message et le transmettront à leur tour. Mais les femmes qui doivent livrer bataille pourront s'attendre à avoir plus de fil à retordre dès que plus de deux personnes sont présentes.

Comme public, on peut compter les tiers qui se trouvent à proximité immédiate des deux personnes en conflit, mais également ceux qui sont plus éloignés, voire qui se trouvent si loin qu'ils ne peuvent rien entendre. Il suffit de pouvoir les voir ; car cela induit *a contrario* pour les personnes qui communiquent verticalement : « Attention, tous les messages du langage corporel sont désormais aussi clairement visibles que sur un écran de cinéma ! » Les personnes qui communiquent horizontalement sous-estiment souvent la situation en ne considérant que le caractère audible de l'altercation. Pourtant, les personnes qui communiquent verticalement ressentent déjà une situation comme chargée émotionnellement et comme se déroulant devant un public simplement parce qu'elle est visible. Il s'agit alors de manière plus radicale d'explications démonstratives de rang hiérarchique.

Informaticienne de vingt-quatre ans, Justine effectue avec succès un stage de six mois au sein d'une entreprise de construction mécanique. Son chef, qui ne jure que par elle, lui demande même de le remplacer quelques jours. Une telle confiance est évidemment très flatteuse – jusqu'au jour où l'équipe de nuit produit énormément de rebuts. Pour éviter que l'entreprise ne subisse de grosses pertes, il faut trouver rapidement l'origine de l'anomalie. Et puisque le chef n'est pas là, c'est Justine qui, le lendemain matin, doit réunir les chefs d'atelier afin qu'ils lui rendent des comptes.

Elle n'est pas vraiment dans son assiette lorsque la réunion démarre à huit heures. Parmi les responsables, la moitié seulement sont présents, quelques-uns la tutoient. Certains la connaissent personnellement, d'autres pas du tout. Toutes les personnes présentes sont des hommes, tous sont plus âgés qu'elle, tous ont des connaissances techniques bien plus approfondies qu'elle. Elle s'entend particulièrement bien avec Thomas, l'un des chefs d'atelier.

Il se produit ce qui devait se produire : Justine se couvre de ridicule. Non seulement elle ne parvient pas à ramener le calme dans la réunion, où tout le monde parle en même temps. Mais, contre toute attente, Thomas, dont elle pensait qu'il serait le premier à la soutenir, se met soudain à la vouvoyer, comme une parfaite inconnue. Lorsqu'elle ose enfin demander qui est coupable de tout ce gâchis, cela déclenche un grand tumulte. Chacun se rejette la faute : « Le secteur XY a encore une fois bâclé son travail, mais pas nous. » Ce déluge culmine par une exclamation lancée par un chef d'atelier à Justine : « Que voulez-vous au juste ici ? »

Justine fut contente de pouvoir enfin quitter la salle de réunion. Elle ne comprenait pas du tout ce qu'elle avait pu mal faire. Il fallait bien que quelqu'un coordonne les réactions après la nuit passée ! Et puisque le chef n'était pas là, c'est elle qui était intervenue ; c'est exactement ce qu'il avait attendu d'elle. Ce n'était pas une femme avide de pouvoir qui aimait donner des ordres aux autres. Elle voulait simplement résoudre un problème ! Pourquoi le chef d'atelier ne l'avait-il pas compris ?

Ce que Justine avait complètement sous-estimé dès le départ, c'était qu'elle était toujours considérée comme une étrangère au sein de l'entreprise. Elle n'était là que depuis quelques mois, c'était une étudiante que le chef avait prise sous son aile pour des raisons qui échappaient aux employés. La question « Que voulez-vous au juste ici ? » l'exprimait avec une cruelle naïveté. Par conséquent, il aurait été important qu'au début de la réunion, au lieu de commencer directement par la question pressante, Justine se présente en exprimant clairement sa position hiérarchique. Cela lui aurait permis, par la même occasion, de rendre hommage à la plus longue expérience des autres et à leur plus grande ancienneté. Une cheffe aurait pu se permettre de poser les questions difficiles tout de suite. Mais sûrement pas une inconnue, stagiaire qui plus est. Mais l'erreur décisive de Justine ne résidait pas dans cette omission. Lorsque nous avons rejoué la scène avec plusieurs sparring-partners autour de la table, il est apparu qu'une dynamique remarquable se mettait en marche dès que plusieurs chefs étaient présents dans la pièce avec Justine. Les hommes se comportaient comme s'ils étaient sur scène.

Thomas jouait un rôle clé, car c'est lui qui connaissait le mieux les qualités professionnelles de Justine, et il savait donc très bien pour quelle raison son chef misait autant sur elle. Mais dès que d'autres collègues se trouvaient dans la pièce, il se comportait comme si Justine n'était pas là. Je demandai à Thomas (= son sparring-partner) quelle interprétation il donnait à son comportement. Il déclara immédiatement : « Un jour, elle repartira, mais moi je resterai là et je devrai rendre des comptes à mes collègues. »

Je demandai si Justine avait raison dans les faits.

« Elle a absolument raison. »

Alors pourquoi la laissait-il tomber de la sorte ?

« Elle avait raison, mais nous ne pouvions pas l'admettre devant elle. » Confirmation immédiate de la part des autres hommes présents autour de la table. Si Justine avait rencontré chacun des chefs d'atelier individuellement, le résultat aurait évidemment été très différent. Mais la situation avait un caractère trop urgent pour que ce soit envisageable. Quelle solution aurait été tactiquement meilleure ?

Je commençai par réfléchir avec les hommes autour de la table. Qui auraient-ils accepté pour diriger la réunion ? Tous regardèrent Thomas. Justine détourna les yeux d'un air déprimé. Nous élaborâmes la solution suivante : dans un premier temps, Justine retrouvait Thomas avant la réunion pour lui demander son avis sur les dysfonctionnements nocturnes ; il lui faisait part de son analyse du problème. Ensuite, elle lui expliquait comment elle comptait procéder avec les autres chefs d'atelier et lui demandait son avis. Thomas hésitait. Justine dut lui demander expressément la raison de cette hésitation. Il finit par révéler qu'il craignait que la réunion ne se transforme en pugilat. Thomas et Justine discutèrent ensemble des rôles qu'ils devaient jouer tous les deux durant la réunion. Lorsque le scénario fut au point, ils étaient prêts pour la réunion, qu'ils abordaient de façon beaucoup plus détendue. Pourquoi ?

Tout simplement parce que Justine impliquait Thomas en valorisant ses compétences. À chaque question qu'elle lui posait, elle lui signalait qu'elle avait conscience de ses connaissances et de sa position. Et c'est précisément cela qui fit de lui son allié. Il était maintenant réellement de son côté. Le tutoiement en vigueur entre eux n'avait pas été un gage de confiance suffisant.

Lors du dernier passage, la discussion se déroula effectivement de façon totalement différente. Justine se présenta et énonça sa fonction hiérarchique d'assistante – « le chef n'est pas là et il m'a demandé de coordonner les discussions » –, tout en mentionnant que toutes les personnes présentes autour de la table étaient techniquement plus compétentes qu'elle. Thomas se présenta comme porte-parole du groupe d'hommes – comme cela avait été convenu : « Nous devons comprendre les causes d'un tel dysfonctionnement. »

Les discussions qui s'ensuivirent avaient un tout autre caractère. Justine arrivait beaucoup plus facilement à aborder les questions techniques et parvint effectivement à jouer un rôle de modératrice. Ce qui n'avait absolument pas été possible auparavant put maintenant être réalisé : elle pouvait passer la parole à quelqu'un qui acceptait de la prendre. Finalement, Justine fut certes en nage, mais lorsque tous se levèrent, Thomas lui fit un clin d'œil. Lorsque je lui posai la question, Thomas déclara qu'il était très satisfait. Il est intéressant de noter que les raisons des dysfonctionnements de la nuit précédente ne jouaient effectivement pas un rôle déterminant. S'il était si satisfait, c'est parce qu'il avait été reconnu. Justine était soulagée, mais aussi un peu contrariée. Elle avait été si sûre d'elle en raison de ses excellents résultats scolaires, de son niveau intellectuel et de ses capacités d'analyse. Maintenant, elle avait le sentiment que d'autres facteurs étaient entrés dans son champ de vision, dont elle n'avait pas eu conscience jusqu'à présent. Les arguments factuels avaient moins de poids que les arguments sociaux, ou plutôt : les facteurs sociaux ouvraient la voie aux facteurs matériels.

Le gros reproche que l'on aurait pu faire dans ce contexte aurait été adressé au chef absent. Il aurait dû savoir que pour des personnes qui communiquent horizontalement dans un contexte productif, il n'est généralement pas particulièrement simple de bénéficier de la reconnaissance objective de personnes qui communiquent verticalement. Imposer de surcroît à Justine une fonction temporaire de représentation était beaucoup trop ambitieux pour une stagiaire qui occupait un poste provisoire dans l'entreprise.

Après la scène que nous avons jouée en y apportant diverses modifications, Justine n'avait toujours pas seulement de bonnes impressions. Quelque chose lui pesait encore sur l'estomac. Lors du débriefing, nous avons mis le doigt sur la cause : sa fierté avait été blessée. Elle devait reconnaître les compétences d'autrui, mais la réciproque n'était pas vraie. Elle considérait cela comme une offense. Les compétences qu'elle avait apportées à l'entreprise n'étaient pourtant pas négligeables, même si les autres avaient été là bien avant elle !

Fondamentalement, elle avait bien sûr raison. Mais ce problème n'était absolument pas propre aux femmes. Un homme à haut potentiel venant de l'extérieur s'y serait aussi heurté. Même un dirigeant doté des pleins pouvoirs – ce que Justine n'était pas, par définition – consacre les premières semaines à valoriser les employés les plus expérimentés. Même si cela oblige à freiner ses propres ambitions alors que l'on aurait aimé aller plus vite, il faut savoir prendre son temps. Ce petit jeu avec la hiérarchie dans les entreprises et les organisations fait partie de la formation. Les bons supérieurs le savent et l'apprennent à leur personnel.

## RÉUNIONS SANS DIRECTION

Peut-être est-ce ici le bon endroit pour glisser une remarque sur la conduite de réunion. En effet, ce thème est très révélateur des intérêts et des réflexes de pouvoir. Que personne ne veuille endosser le rôle de leader ou que les instances dirigeantes soient incapables de mener une réunion de manière productive n'a aucune importance. Un grand classique du genre, notamment dans le domaine informatique ou scientifique, est le chef explicitement réticent à toute hiérarchie et qui, certes, est physiquement présent, mais qui se tient noblement en retrait.

Face à ce vide se heurtent aussi bien les bavards impénitents que les adeptes notoires de la digression, les partisans de la manière forte ou les ambitieux. Sur le plan de la communication, le résultat ressemble à une guerre civile à échelle réduite avec une sélection naturelle : le plus apte survivra. Devinez qui de celui qui communique verticalement ou horizontalement passera à la trappe !? Celui qui osera évoquer prudemment la question de l'absence totale de direction de la réunion se verra inévitablement opposer l'élégant faux-fuyant : « Vous êtes des adultes. Vous pouvez régler ça tout seuls. » En réalité, les dirigeants ne font tous simplement pas le travail pour lequel ils sont payés.

Trois personnes assises autour de la table de discussion n'auront probablement pas besoin de conduite de réunion. À partir de cinq personnes, cela devient plus compliqué et, à partir de dix, il sera quasiment impossible d'aboutir à des résultats fructueux sans facteur structurant. On ne parlera pas des groupes encore plus nombreux.

Les gens sont très différents. On pourrait parler de diversité. Il y a ceux qui aiment se servir du groupe comme faire-valoir et qui aiment en être le centre. Beaucoup de gens ont aussi des scrupules – même s'ils avaient pu apporter des choses formidables – et se mettent en retrait quand quelqu'un leur coupe la parole.

Des études récentes ont démontré que le thème de la conduite de réunion présente aussi un aspect de genre très explicite. Ainsi, une étude de Harvard établit que dans un groupe comptant jusqu'à cinq participants, les femmes ont un temps de parole équivalant à celui des hommes. Toutefois, ça change au-delà de cinq présents, et les hommes ont alors tendance à monopoliser la discussion (David Lazer) – sauf si une personne dirige la réunion. En 2014, un rapport de Bain & Company passa en revue les principaux aspects décisifs pour la carrière des femmes, et pointa du doigt la formation professionnelle et la politique officielle d'attribution des postes en entreprise. Mais le comportement habituel en réunion est aussi important. Celle qui est souvent invisible en réunion finit généralement par en avoir assez.

## La conduite de réunion

I. Équipe sans dirigeant

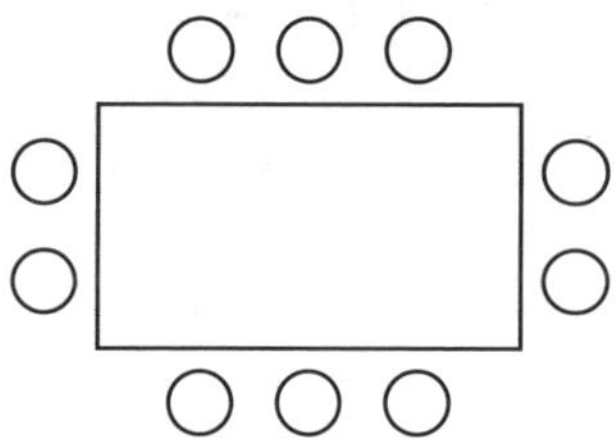

Aucune conduite de réunion. Très compliqué et rarement productif à partir de sept personnes. La direction potentielle ou l'instance la plus élevée est « soumise ». Peut aboutir à une guerre civile de la communication.

II. Direction sans équipe

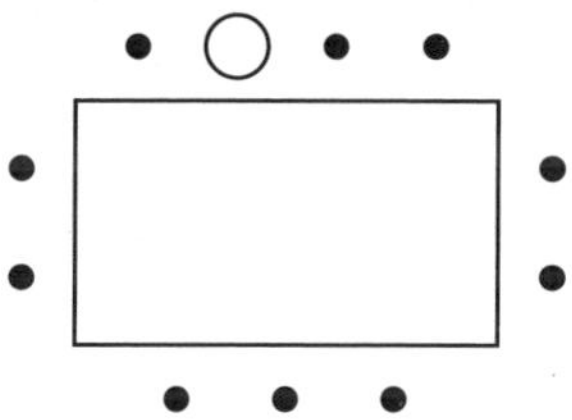

Conduite de réunion autoritaire qui procède arbitrairement : bouleversement de l'ordre du jour en fonction des humeurs, *open end*, le chef a toujours raison.

III. Direction pour l'équipe

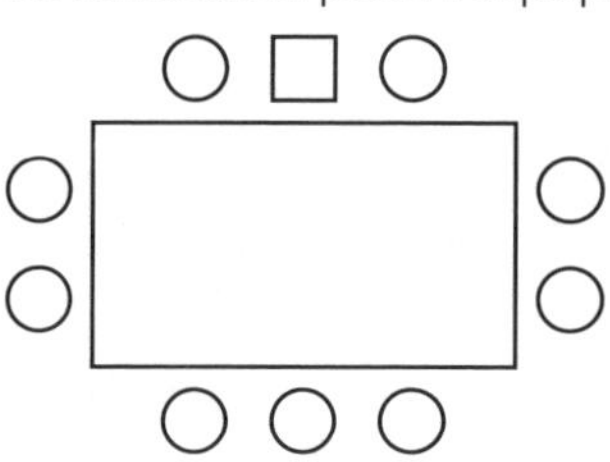

Conduite de réunion explicite (même temporairement) avec pour mission :

- Justice (l'affaire avant la fonction).
- Implication (également des personnes compétentes qui se taisent).
- Orientation sur le but (pas de digressions).
- Contrôle (vérification des tâches déjà distribuées).

Avec une petite équipe qui fonctionne, une réunion peut aussi bien se dérouler sans conduite de séance. Toutefois, plus l'équipe est nombreuse, plus il est difficile de s'en passer. À partir de sept personnes dans la pièce, la réunion sera rarement productive. Les gens qui communiquent horizontalement trouveront sympathique la personne qui a le rang le plus élevé et qui veut être traitée comme un collègue, tandis que pour les collègues verticaux, cela signifiera simplement un nouveau cycle de discussions sur le rang hiérarchique. C'est un phénomène très répandu dans les secteurs intellectuels.

Les conduites de réunion autoritaires appliquent le règne par la peur. C'est particulièrement répandu au sein des entreprises dirigées par leur propriétaire. Le souverain lance l'ordre du jour (quand il y en a un) au gré de ses envies et de ses humeurs. Ces réunions durent aussi longtemps que le veut le chef. Ainsi, il n'a pas besoin d'y réfléchir à l'avance. Le chef a toujours raison. Les appels réguliers de la direction de séance envers les personnes présentes à participer davantage ne mènent à rien. C'est logique.

Une conduite de réunion utile pour l'équipe est explicitement connue avant la séance : untel fera telle chose. Ce rôle peut aussi n'être attribué que temporairement pour cette réunion. Si rien d'autre n'a été convenu, c'est le chef qui le fait. Une telle conduite de réunion a une tâche claire : elle structure la réunion. Point. Celui qui veut y arriver a fort à faire.

Les réunions, dans n'importe quel secteur, sont régies par des codes extrêmement simples : 1. Il doit y avoir une forme d'ordre du jour connu au préalable. Cela ne veut pas dire que l'on ne peut pas le compléter ou le modifier. Mais l'*Homo sapiens* n'aime pas les réunions au contenu surprise. 2. Il doit y avoir une limite de durée ; l'*open end* horripile. 3. Tout le groupe doit explicitement savoir qui dirige la réunion (une connaissance implicite ne suffit pas !). La personne qui le fait ne doit pas nécessairement diriger tout le temps, et ce ne doit pas nécessairement être le chef. Il faut simplement que chacun sache à qui incombe cette responsabilité. Pour la durée de la réunion, cette personne est le numéro un dans la pièce. Quand la personne qui dirige la réunion occupe une fonction hiérarchiquement inférieure, il faut aussi lui conférer un statut hiérarchiquement supérieur pour la durée de la séance. Celui qui ne le supporte pas en tant que chef ne doit pas non plus y renoncer pour la forme. 4. La personne qui conduit la réunion garantit la structure productive de la séance. Par conséquent, elle a) s'assure que les demandes de parole sont bien en lien avec le thème de la séance, b) coupe le temps de parole si quelqu'un entre trop dans les détails (même s'il s'agit du chef !), c) rappelle à l'ordre les bavards, et d) incite activement les discrets à s'exprimer. Quand, en plus de faire régner l'ordre, la personne qui conduit la réunion donne aussi des élans productifs au projet, c'est un bonus dont on peut se réjouir.

L'effet d'une conduite de réunion effective est souvent une source de motivation sans pareille pour les personnes qui communiquent horizontalement. Comme elles ont le sentiment d'être protégées par des règles, elles peuvent déployer tout leur savoir-faire sans être en permanence soumises au stress de ne pas savoir si elles peuvent apporter leur contribution ou si elles risquent encore de se faire rabrouer, comme cela arrive si souvent.

Toutefois, la régulation nécessaire par une véritable conduite de séance n'est malheureusement pas possible sans une certaine sévérité – du moins pas tant qu'un certain standard n'a pas été établi. La conduite de réunion est un bon exemple pour illustrer les côtés positifs du pouvoir : elle permet d'habiliter les autres. Celui qui exerce ce pouvoir professionnellement, même si ce n'est que temporairement, dans l'intérêt du groupe ne se place pas lui-même au centre, mais l'affaire. Il rend par là même un grand service à tous les autres.

Peut-être faudrait-il que les services des ressources humaines, à travers les offres multiples qu'ils font en interne à leurs dirigeants, dans tous leurs cercles de management et leurs programmes de leadership, accordent plus d'importance au simple outil de la conduite de réunion. Apparemment, ce n'est plus si évident.

## QUAND LE JEU BASCULE

En réunion, ceux qui pratiquent la communication verticale s'adonnent à des jeux de pouvoir qui doivent en premier lieu être compris seulement comme des mises à l'épreuve, des dispositifs expérimentaux, voire un sport. Dès que cela suscite une réponse en lien avec le rôle – qui n'est pas personnelle –, l'affaire est réglée et il en découle un travail productif. Mais, dans la vie professionnelle, les hommes peuvent avoir des comportements vis-à-vis des femmes qui n'ont rien à voir avec un jeu rituel. Il s'agit alors de dépassements de limites qui ne doivent pas être supportés. Quelle que soit la réunion.

Séverine est biochimiste dans une grande entreprise pharmaceutique mondialement connue. Hautement qualifiée, dynamique, elle est chef d'équipe depuis deux ans. Tout ce que je savais de sa situation professionnelle lui promettait de belles perspectives de carrière au sein de cette entreprise. Elle est mariée et mère de deux enfants. Dans son service, il est de coutume que toutes les nouvelles recrues soient épaulées par un mentor. Il s'agit généralement d'un collègue plus âgé et plus expérimenté, qui doit aider à résoudre les problèmes éventuels. Dans le cas de Séverine, il s'agit de Georges, la soixantaine. Et le problème, c'est lui.

Séverine se rend toujours en sa compagnie aux congrès internationaux. Lors de leur dernier congrès, elle se retrouva en fâcheuse posture au buffet : alors qu'elle se tenait près de la table et voulut poser de la nourriture sur son assiette, elle entendit un bruyant raclement de gorge dans son dos. Lorsqu'elle se retourna, elle se retrouva face à son mentor, manifestement légèrement éméché. Il avait desserré sa cravate et transpirait. Se tenant trop près d'elle, il lui posa quelques questions triviales sur le déroulement de la journée, auxquelles Séverine répondit laconiquement et sèchement. Soudain, Georges attrapa le pendentif qui était accroché à une chaîne passée autour de son cou et qui reposait dans son décolleté. Il l'examina sous tous les angles et marmonna un compliment à peine compréhensible.

Tenant toujours son assiette dans sa main, Séverine s'efforça de faire bonne figure. Elle fit aussi quelques commentaires sur le bijou et s'éloigna lentement en se rapprochant d'autres congressistes. Georges mit alors fin à ses manœuvres de rapprochement, finit par lâcher le bijou, s'empara d'un verre de vin et disparut.

Ni elle ni lui n'évoquèrent jamais plus l'incident. Mais Séverine s'était sentie profondément mal à l'aise ; depuis, elle ne cessait de se demander si elle n'aurait pas dû réagir autrement.

Nous avons rejoué la scène avec le sparring-partner. Dans la scène d'origine, Séverine s'était tout de suite retournée quand elle avait entendu les raclements de gorge. Cela avait été poli, mais pas opportun. Ce n'est pas parce que quelqu'un émet un signal sonore – « Bonjour ! Je veux que tu te retournes sur-le-champ » – que je dois réagir à ce signal. Et, surtout, j'aurais dû prendre tout mon temps – si j'avais effectivement consenti à me retourner. Est-ce bien poli de s'approcher de moi dans mon dos et de se racler ostensiblement la gorge pour établir le contact avec moi ? Bien sûr que non. Par conséquent, Séverine aurait pu tout bonnement l'ignorer. Mais elle n'en avait rien fait. Dès qu'elle se retourna, elle fit deux constats : d'une part, une personne se tenait beaucoup trop près d'elle et, d'autre part, cette personne avait trop bu. Elle aurait dû se rendre compte qu'une quelconque réaction verbale n'aurait pas été suffisante et qu'une réaction au niveau du high talk (verbal et intellectuel) l'aurait été encore moins.

Pour réagir correctement, il était primordial – comme elle le constata en rejouant la scène – de commencer par avoir les mains libres. Elle devait donc d'abord poser l'assiette. La pression qui reposait encore sur Séverine provenait en fait de la peur que d'autres aient vu ce qui s'était passé. En effet, cela aurait été gênant pour elle, mais aussi pour son mentor, Georges. Encore aujourd'hui, des semaines plus tard, elle pensait aussi permettre à son adversaire – puisque c'est ce que la figure paternelle du mentor était devenue à ce moment-là – de sauver la face. Instinctivement, Georges éveillait un sentiment de honte chez Séverine, la peur d'attirer l'attention. Ne surtout pas se faire remarquer !

Et c'est justement là-dessus qu'elle pouvait miser. Première étape : se débarrasser de l'assiette. Deuxième étape : se redresser intérieurement de toute sa hauteur. Troisième étape : instaurer une distance acceptable en écartant l'homme délicatement et en lui repoussant lentement l'épaule sans brutalité. Il est même possible d'utiliser ses deux mains. Il ne faut toutefois pas se montrer hésitant, mais résolu et catégorique. Quatrième étape : un commentaire audible. Séverine proposa la remarque suivante : « Un peu plus d'espace ne nous ferait pas de mal à tous les deux » ou « L'air circulera mieux ». Cela suffit déjà à stopper le sparring-partner, alias Georges. Et cela ne lui parut absolument pas désagréable – contrairement à Séverine qui trouvait encore que sa propre réaction était pesante. Par son commentaire bruyant, elle avait passé le message à Georges : « Je ne me laisserai pas impressionner par la pression et le caractère gênant du regard des autres. Que toutes les personnes présentes dans la pièce voient ton petit manège ! »

À la tentative suivante, nous sommes partis du principe que Séverine mettait encore trop de temps à réagir si elle attendait que Georges tienne le pendentif dans sa main. Que faire ?

Au bout de plusieurs tentatives qui n'avaient pas changé le comportement de Georges, Séverine en arriva à la réaction suivante : lorsqu'il prenait sa chaîne et se mettait à causer à tort et à travers, elle levait son bras droit jusqu'à la hauteur de son visage, pinçait fortement son menton entre ses doigts et déclarait en riant d'une voix forte afin que toute la pièce l'entende : « On n'attrape pas les bijoux de femmes que l'on ne connaît pas, n'est-ce pas ? » On aurait pu entendre une mouche voler dans la salle de conférence. Personne ne bougeait. Séverine continua à tenir Georges par le menton jusqu'à ce qu'il relâche son pendentif. Ensuite, elle fit lentement un pas en arrière, lui souhaita une bonne soirée et reprit son assiette.

Lorsque je demandai au sparring-partner ce qu'il aurait voulu faire ensuite, il me répondit aussitôt : « Prendre mes jambes à mon cou. »

Il en avait la possibilité. Entre-temps, Séverine ne tenait plus en place. Elle expira bruyamment et traversa la pièce, en continuant à rire, s'arrêtant brièvement avant de reprendre son chemin. Personne ne disait mot. Je finis par lui demander comment elle se sentait maintenant. Elle s'arrêta devant moi et m'expliqua que ses épaules avaient été libérées d'un lourd fardeau, mais qu'elle était aussi en colère contre elle-même. Pourquoi, durant cette soirée, avait-elle supporté le comportement de Georges si longtemps avant de réagir ?

Il y avait probablement plusieurs raisons : tout d'abord, elle s'était trouvée dans un milieu purement intellectuel, en apparence. C'était une conférence professionnelle ; elle ne s'était pas attendue à une telle attitude. De plus, son mentor savait pertinemment qu'elle était mariée. Elle n'aurait pas imaginé possible qu'il n'en tienne aucun compte. Elle avait grandi dans un foyer où l'on faisait grand cas de la courtoisie et des bonnes manières. Par conséquent, elle ne pouvait réagir autrement qu'en se montrant polie. Et sa première réaction aurait sans doute été immédiatement reconnue et respectée par beaucoup de femmes. Car lorsque Georges, éméché, lui avait posé quelques questions en guise de bavardage mondain, elle y avait répondu sur un ton tranchant et acerbe. Elle avait ainsi tenté de lui montrer à quel point son comportement était désagréable et qu'elle souhaitait qu'il s'en aille. Cependant, ce n'était pas une femme qu'elle avait devant elle, mais quelqu'un qui ne pouvait pas ou ne voulait pas comprendre sa langue.

Séverine se sentait maintenant à la fois bouleversée et soulagée. Néanmoins, elle se demandait si son mentor allait lui pardonner son comportement. Nous en discutâmes longuement. Pourquoi pensait-elle avoir quelque chose à se faire pardonner ? Qui s'était montré agressif ? C'est lui – et elle n'avait fait que se défendre !

Évidemment, il arrive parfois qu'un homme qui se montre aussi entreprenant dans un contexte professionnel ne supporte pas que la femme lui résiste, qu'il cherche à se venger et déploie une stratégie de harcèlement. Il faut donc savoir s'y prendre et, dans le pire des cas, on peut en arriver à devoir quitter l'entreprise. Tout cela n'est pas si simple, c'est certain, mais l'estime de soi a une valeur inestimable.

Même si l'agression physique de Georges envers Séverine a été surprenante et choquante, ce type de comportement est malheureusement très répandu dans le monde du travail. Lorsque je discute avec des femmes entre quatre yeux au sujet de leur stage ou de leurs petits boulots dans diverses entreprises, je constate que la plupart ont eu des expériences similaires. Mais les femmes qui évoluent dans le monde du travail (et les domaines intellectuels n'y font pas exception) ne doivent pas tomber des nues lorsqu'elles se retrouvent confrontées à ces comportements.

Oui, c'est injuste et répugnant ! Mais celui qui s'intéresse à la réussite de femmes qualifiées se doit de l'évoquer sans fatras idéologique. Il s'agit d'un facteur auquel on se retrouve confronté, qu'on le veuille ou non, et il faut le combattre ! Il existe des domaines de travail dans lesquels on a affaire à du sexisme plus ou moins déguisé, et la compétence professionnelle n'y joue qu'un rôle parmi d'autres. En tant que femme, il faut en tenir compte dès le départ.

Toutefois, cela ne signifie pas que ces secteurs d'activité ne soient pas stimulants et que les femmes ne puissent pas y faire carrière. Elles le peuvent, mais elles doivent être prêtes à retirer leurs gants de velours et à faire preuve d'arrogance.

## — CHAPITRE 8 —

# LA VOITURE DE FONCTION ENFANTINE

## OU : POURQUOI LES SYMBOLES DE POUVOIR N'ONT RIEN DE RISIBLE

### LE COSTUME : SYMBOLE DE POUVOIR PRIMAIRE

Comme l'impression produite par les apparences est la tout première qui est perçue dès l'entrée dans une salle de réunion ou dans un bureau, il est nécessaire d'envoyer des messages forts sur le plan du move talk. Lorsque celle-ci rate son but sur un territoire professionnel, les personnes concernées auront beaucoup de mal à la corriger par la suite, en déployant tout un arsenal d'arguments verbaux. On s'épargnera bien des désagréments en produisant dès la première rencontre le langage non verbal adapté.

En général, les gens commencent par observer l'attitude physique globale, puis le visage et ses expressions. Ensuite, vient ce qui aura de l'importance et qui a déjà été souvent décrit d'un point de vue théorique, mais qui continue malgré tout à être sous-estimé : la tenue.

Mes clientes m'ont raconté que lorsqu'elles manquent de confiance en soi et qu'elles ne savent pas trop comment s'habiller dans un environnement professionnel majoritairement masculin, elles optent plutôt pour une tenue neutre et discrète. Naturellement, le style vestimentaire se décline en fonction des secteurs d'activité. Une agence de pub supportera une tenue plus colorée et voyante qu'une banque. Celle qui fréquente les chantiers de construction ne s'habillera pas comme celle qui travaille dans le secteur pharmaceutique.

Toutefois, les personnes qui communiquent horizontalement doivent tenir compte de quelques règles simples lorsqu'elles veulent manifester un certain statut de pouvoir. La plupart des femmes les connaissent, mais elles les négligent souvent dans leur environnement professionnel. Pour nous les remettre en mémoire, il suffit de visionner un court extrait du film que j'ai déjà mentionné, *The Queen*, de Stephen Frears.

Dans la première scène, la reine pose pour un portrait officiel dans tout son apparat. La caméra filme lentement du bas vers le haut : le spectateur voit les pointes de ses chaussures jaunes, la robe blanche brodée et soigneusement drapée, le manteau ouvert en velours sombre, les mains gantées qui reposent sur les genoux, la broche sur le revers du manteau, l'écharpe, les boutons dorés, les galons, les gros diamants en forme de gouttes qui pendent aux oreilles, le paysage que l'on aperçoit au loin et, enfin, la chevelure grisonnante. Rares sont les personnes qui s'arrêteront au double menton tout aussi voyant ou aux rides marquées sur le visage. Ici se tient une femme dans toute sa majesté. Vêtue d'une véritable tenue de pouvoir.

Les personnes horizontales devraient toutes examiner attentivement une figure aussi imposante. Ne serait-ce que pour se souvenir jusqu'où peut aller une mise en scène publique illustrant une fonction.

Dans mes séminaires, je propose souvent un exercice qui imite ce mouvement de caméra et qui est inspiré du répertoire du « style provocateur » : les participantes sont habillées avec la tenue qui correspond à la fonction qu'elles occupent dans l'entreprise. Elles se réunissent en petits groupes. L'une d'elles se place devant les autres de façon à être bien vue de toutes. Elle présente brièvement son entreprise et la fonction qu'elle y occupe ; ensuite, elle n'a plus le droit de ne rien dire et elle ne peut qu'écouter. Les autres femmes se mettent à parler d'elle comme si elle ne les entendait pas. Elles l'observent de la tête aux pieds et discutent des détails de sa tenue qui correspondent bien – ou pas – à la fonction décrite. Les moindres détails comptent : la coiffure, la coloration des cheveux, les boucles d'oreilles, le maquillage, les dents, les tatouages anciens ou nouveaux, les piercings, la présence ou non d'épaulettes, le chemisier, le pull, les boutons et la coupe de la veste, la couleur des vêtements, une jupe ou un pantalon, un pantalon avec ou sans pli, la longueur du pantalon, la longueur de la jupe, les collants, les chaussures, avec ou sans talon, pointues ou rondes, neuves ou usées. Tout cela est noté sous la question : qu'est-ce qui correspondrait le mieux à la fonction professionnelle ?

En général, cela repose sur une confirmation solidaire qui vient corroborer ce que les femmes avaient déjà deviné, mais qu'elles avaient négligé dans le tourbillon de leur vie professionnelle. Toutefois, ce qui est frappant, c'est de constater combien de femmes, lors du choix de leur tenue, ne se réfèrent qu'à ce qu'elles considèrent comme requis par les tâches qu'elles ont à accomplir, alors qu'elles sous-estiment beaucoup trop souvent la fonction représentative de cette apparence.

La dirigeante d'une entreprise de métallurgie, qui s'habillera de façon aussi pratique et pragmatique que l'une de ses employées, s'étonnera donc en toute sincérité d'être traitée comme une camarade par le personnel – personne ne prendra son rôle au sérieux.

La médecin-chef a la même coiffure, les mêmes lunettes, le même maquillage discret qu'à l'époque où elle était étudiante – et elle ne comprend pas pourquoi elle est traitée par ses collègues exactement de la même façon qu'à cette époque.

Dans son best-seller *The Princessa: Machiavelli for Women*, l'écrivaine nord-américaine Harriet Rubin fait le constat suivant : « Les couleurs standard que les femmes aiment porter [dans la vie professionnelle] – gris, beige, couleurs pastel – sont des couleurs de camouflage. Elles communiquent la peur et l'incertitude de celle qui les porte. » Évidemment, personne ne devrait avoir à s'habiller comme si on avait constamment le sentiment, dans sa vie professionnelle, de devoir faire semblant. Mais j'ai l'impression qu'entre-temps, bon nombre de femmes ont désappris à quel point le répertoire des représentations légitimes est vaste dans le contexte professionnel. La majorité des femmes – surtout celles qui ont fait des études – ne savent plus ce que cela pourrait signifier de se maquiller. Cela semble davantage destiné aux personnes qui n'ont rien perdu dans le contexte professionnel. En cas de doute, on s'habille comme si on était un homme.

Généralement, on ne se rend pas service. Surtout pas vis-à-vis des hommes. En effet, nous parlons ici de symboles de pouvoir primaires qui ont non seulement une signification objective ou esthétique, mais aussi politique ! Des personnes comme l'ex-ministre de la Défense Michèle Alliot-Marie (que les soldats surnommaient « MAM ») ou l'ex-secrétaire d'État américaine Madeleine Albright ne sont jamais apparues devant les caméras de télévision en train d'inspecter les troupes ou de participer à des débats houleux au parlement sans leur tailleur élégant. Personne dans leur environnement majoritairement masculin n'avait pourtant exprimé le moindre doute concernant leur détermination et leur pouvoir. Elles n'avaient absolument pas besoin de se déguiser en homme.

Le respect d'une tenue en tant que système de signes propres au pouvoir exerce de l'effet sur les autres, mais aussi sur soi-même. Dans son film documentaire *Carnets de notes sur vêtements et villes,* Wim Wenders observa le couturier japonais Yohji Yamamoto en train de travailler. Au début du film, il commente son propre rapport au travail de Yamamoto : « Je me suis acheté une veste et une chemise. Vous savez ce que l'on éprouve quand on enfile des habits neufs. On se regarde dans la glace, satisfait, un peu excité, mais avec cette veste et cette chemise, c'était différent... Dans le miroir, c'est moi, ça ne fait aucun doute, mais : encore plus moi qu'avant. ... et moi là-dedans, je suis moi-même. Je me sens protégé comme un chevalier par son armure. Par une veste et une chemise ! »

Celui qui sait choisir ses vêtements, ne serait-ce qu'à peu près, connaît cet effet, les femmes sûrement plus que les hommes. C'est pourquoi il est sans doute parfaitement légitime de bien réfléchir à ce que l'on porte dans un cadre professionnel. Celui qui se sent plus sûr de lui dans ses habits le paraîtra aussi. Alors on sera « encore plus moi qu'avant ». Celui qui porte « n'importe quoi » peut parfaitement sortir son chien, puisque cela n'a aucune importance pour l'animal ; mais diriger une réunion, remettre un collègue à sa place ou accueillir des clients – c'est une tout autre histoire.

Est-ce que les femmes dans une tenue voyante se trouvent plus particulièrement exposées aux pressions pour justifier leurs performances par rapport à leurs collègues masculins ? Je crois que non. Mon expérience avec mes clientes m'a enseigné que l'expression de sa personnalité individuelle n'est nullement un obstacle dans sa vie professionnelle, tant que l'on parle la langue de l'autre système. Il arrive encore que des hommes émettent des remarques désobligeantes à propos de femmes portant un maquillage peu discret : ils leur reprochent de porter des « peintures de guerre ». Ils ont sans doute plus raison qu'ils ne le pensent ! Et sans doute que les femmes sous-estiment la part de respect qui teinte cette remarque.

Par ailleurs, le maquillage ne joue pas un rôle si important si vous avez tendance à rougir – contrairement à ce que pensent les personnes concernées. Vous vous tenez devant un public et vous exposez des faits – mais personne ne semble regarder les diapos : tous les regards ont l'air d'être tournés vers les taches pourpres qui colorent votre décolleté. Vous vous efforcerez d'accueillir le plus calmement possible les participants, mais vous êtes trahie par votre visage tout rouge. Quand il n'est pas possible d'ignorer ce que notre corps dit de notre état intérieur – ce serait pourtant la meilleure attitude à avoir –, alors il est préférable de l'évoquer avec humour et dignité : « Je suis tellement contente de tous vous voir réunis que j'en ai le rose aux joues » ou « Ce thème est si passionnant que la chaleur me monte aux joues ». Ainsi, on se fait une alliée d'une chose que l'on considérait soi-même comme un défaut aux yeux du groupe ! Et si l'on se tient à une certaine distance physique du groupe, on peut classer l'affaire sans suite : même si je perçois moi-même mes réactions physiques – à part moi, personne ne les remarque.

Finalement, la question est simplement de savoir si l'on supporte d'être sous les feux de la rampe. Les personnes qui communiquent horizontalement doivent bien comprendre que l'on ne peut pas avoir l'un sans l'autre. Dans le cadre d'un contact professionnel avec des personnes qui communiquent verticalement, lors d'une rencontre à caractère territorial et non verbal – mais que dans ce cadre sont aussi posés des jalons pour sa carrière future et un poste de dirigeant –, alors on passera rarement inaperçu. « Tiens-toi en retrait, cache-toi et attends que l'on vienne te chercher dans ta cachette » – ça ne marche pas. Lorsque les femmes tentent d'attirer l'attention sur leurs propres compétences professionnelles – et c'est d'ailleurs la seule façon de les mettre en avant –, elles devraient se faire aux conséquences qui découlent de cette mise en lumière et du fait d'être observées. Toutefois, il est préférable que cette attention ne soit pas suscitée par hasard et par surprise, mais qu'elle soit consciemment contrôlée. Certaines erreurs qui faciliteraient la tâche aux hommes pour dénigrer les compétences des femmes sont à éviter. En voici un échantillon :

- Élastique à cheveux : certes, il est pratique et, de face, il n'est pas visible. Mais de dos et de profil, il l'est. Il peut donner un air de gamine à de nombreuses femmes, sans qu'elles s'en rendent compte.
- Longue chevelure détachée : peut être très agréable à regarder, mais quand la propriétaire en tournicote des mèches – s'entortille une mèche autour des doigts ou rejette ostensiblement ses cheveux en arrière – comme quand elle était à l'école, elle ramène aussi l'observateur à cette époque.
- Jupe trop courte, trop serrée : « Pourquoi les autres ne devraient-ils pas voir que j'ai de belles jambes ? » Parce qu'avec ce type de jupe au travail, on n'est pas prise au sérieux !
- Décolleté trop profond : la capacité d'analyse ou à s'imposer impose le respect – un pari lancé par les collègues masculins sur la taille des bonnets ne va certainement pas dans ce sens.
- Soutien-gorge foncé sous un chemisier clair : voir ci-dessus.
- Trop/pas assez de maquillage : tout dépend de la fonction et du domaine d'activité, mais ce n'est pas une raison pour s'en passer automatiquement !
- Vêtements trop serrés : effet boudiné qui donne l'impression d'être mal habillé.
- Vêtements trop larges à la coupe sans forme : démonstration d'une absence de style.
- Tout en noir : particulièrement disgracieux, surtout quand on a les épaules larges – vous faites partie de la sécurité ?
- Chaussures usées et/ou sales : pas la peine d'en dire plus.

## FAIRE-VALOIR PUÉRIL : SYMBOLES DE POUVOIR SECONDAIRES

Quel que soit l'environnement professionnel dont est issue ma cliente, lorsque, au détour de la conversation, on aborde le sujet des symboles de statut et autres, je constate souvent des réactions de rejet, de dégoût ou de mépris. Pour les gens qui communiquent horizontalement, il s'agit des objets évoqués plus loin, de jouets stupides pour les hommes et de jeux auxquels on n'a de toute façon pas envie de participer. Comment se fait-il que des personnes qui ont fait des études supérieures et qui ont une certaine intelligence se disputent au sujet de la puissance de leur voiture de fonction ? Pourquoi cela devrait-il avoir de l'importance que mon bureau ait une seule ou deux fenêtres alors que nous avons un dossier à rendre d'urgence ?

J'ai bien trop souvent dû constater que des femmes compétentes s'abstenaient magistralement de participer à de telles discussions dans leur carrière. Parce qu'elles sont généralement aussi les plus raisonnables et les plus sensées à propos de ce thème. Évidemment, on ne résout pas un problème structurel par une explication à propos de l'exposition du bureau ou de la place de parking, mais les personnes qui communiquent horizontalement oublient qu'en cherchant des solutions rationnelles, elles négligent un aspect décisif pour l'entreprise. En ce qui concerne la carrière, il ne s'agit souvent pas de solutions concrètes – mais de politique. Surtout quand les collègues qui participent à ce jeu en tant que concurrent ou supérieur pratiquent la communication verticale. C'est précisément pour cette raison que ceux qui cherchent à résoudre des problèmes d'entreprise sans s'intéresser aux jeux politiques et à leur mise en scène symbolique ont souvent les plus mauvaises cartes en main. On fait appel à leurs compétences quand on en a besoin. Mais ils ne sont pas promus ou augmentés pour autant.

Béatrice avait été promue chef de service dans une entreprise de taille moyenne. Dans son contrat de travail, il était prévu – sans qu'elle eût à en faire la demande – qu'elle obtienne une BMW série 7 comme voiture de fonction. Mais, sachant que l'entreprise n'était pas en très bonne posture financière et étant donné la mise en place de mesures d'économie et de réduction des dépenses, Béatrice considérait que c'était un geste approprié vis-à-vis du personnel de rouler dans une voiture plus petite. L'argument lui semblait plausible, mais lorsqu'elle fit part de ses réflexions au dirigeant de l'entreprise, il refusa catégoriquement : « Il en est hors de question. »

Comme elle insistait, il lui expliqua qu'il ne voulait pas que Béatrice soit mal vue par ses collègues qui se trouvaient au même niveau hiérarchique qu'elle. En effet, pour ces messieurs, la belle BMW était la manifestation de leur rang au sein de l'entreprise. Quiconque était prêt à renoncer à ce symbole laissait entendre qu'il n'était pas non plus sérieusement intéressé par ce poste.

Un roi ne laisse pas son sceptre au placard, même s'il sait parfaitement que cet outil ne lui servira pas à tourner une seule vis. Béatrice avait de la chance d'avoir un supérieur aussi bienveillant. Ce n'est pas le cas de tous les communicants horizontaux qui se jettent dans la gueule du loup dès qu'il s'agit de symboles de pouvoir.

La liste des symboles de pouvoir professionnels présentée ci-dessous sous la forme d'une check-list pour les communicants horizontaux qui souhaitent faire carrière n'est pas exhaustive. Dans les jeunes entreprises, certains symboles de pouvoir ne sont pas aussi manifestes. C'est aussi le cas dans les secteurs qui accordent une grande valeur aux apparences.

Toutefois, vis-à-vis de leurs concurrents verticaux au sein de l'entreprise, les communicantes horizontales ont plutôt intérêt non seulement à livrer un travail irréprochable, mais aussi à se disputer avec eux les insignes du pouvoir. Tout particulièrement lorsque ces messieurs qui se trouvent au même niveau hiérarchique qu'elles y voient un symbole de pouvoir plus coûteux ou plus fort que celui qui devrait leur être attribué. Voici ma check-list des symboles de pouvoir en entreprise :

A) Moyen de transport

- La voiture de fonction : petite voiture ou grosse berline ? Essence ou électrique ? Chauffeur particulier ?
- Le vélo de fonction : vélo lambda ou châssis carbone ?
- Le billet de train : 1re ou 2e classe ? Carte d'abonnement ?

B) Territoire

- Place de stationnement attitrée
- Situation du bureau attitré :
  - Au sous-sol
  - À côté d'autres bureaux
  - À quel étage ?
  - Bureau d'angle à double exposition ?
- Équipement du bureau attitré :
  - Superficie au sol du bureau
  - Taille et matériau du bureau
  - Taille et matériau de la chaise de bureau
  - Taille et matériau de l'ensemble des sièges : canapé ? cuir ?
  - Éclairage : tube néon ou lampe design ?
  - Décoration murale : affiches ou œuvres originales ?
  - Plantes vertes : simple pot de fleurs ou palmier géant ?
  - Revêtement de sol : simple lino ou tapis épais ?
- Décors du bureau à la maison
  - Déco chic en arrière-plan
  - Œuvre d'art contemporaine marquante
  - Vitrine avec des trophées sportifs

C) Électronique

- Modèle de téléphone
- Modèle de Smartphone

- PC/portable : processeur, mémoire, marque
- Tablette

D) Personnel
- Employés : combien de personnes sous sa responsabilité ?
- Secrétaire/assistante : personnelle ou pool commun ? Bureau attitré ?

E) Rémunération
- Niveau de salaire
- Intéressement/participation/options
- Participation à la mutuelle

F) Prestige
- Invitations « privées » par la direction
- Durée du contrat
- Nom mentionné dans la presse spécialisée
- Nom mentionné dans la presse économique
- Apparitions personnelles qui ont un impact médiatique (conférences de presse, mots de bienvenue, inauguration, etc.)
- Nombre, prix et lieu des formations chaque année
- Coach externe
- Bilan de santé annuel dans une clinique privée
- Catégorie d'hôtels en voyages d'affaires
- Budget pour la presse spécialisée
- Budget pour les frais/restaurants
- Etc.

Nous nous arrêterons là pour les symboles ordinaires de statut. Dans certains environnements de travail soi-disant cool, il est de bon ton de ne pas afficher extérieurement ces symboles classiques. Quand on y regarde de plus près, on constate que d'autres symboles s'y sont insinués : baskets vintage hors de prix (oui, une pièce de collection en édition limitée), un sweat à capuche en cachemire, un coach de méditation à la mode, la « pause créative ». Le message phare, c'est naturellement que tous les subalternes doivent tapoter leur Smartphone dernier cri, mais que la reine n'a rien de tel ! C'est son assistant qui doit en avoir un… Les symboles de pouvoir sont là. Ils portent juste un autre nom.

## EXIGENCES ET FREINS AU STATUT

Lorsque des communicants horizontaux doivent exiger un tel symbole de statut auprès de communicants verticaux, parce qu'il leur a été refusé précédemment, les différents systèmes de communication se heurtent particulièrement violemment. Une grammaire qui mise moins sur la concurrence entre les rôles et plus sur la négociation des concessions réciproques se heurte à un univers linguistique dans lequel le rang et les symboles qui y sont liés sont particulièrement importants. Comme dans le cas de Jasira.

Jasira est petite et menue. Elle s'exprime très posément d'une voix douce. Après d'excellentes études, elle se heurte au problème suivant : elle est historienne et s'entend plutôt bien avec son directeur de thèse, le professeur Baron. Ce dernier vient de se voir attribuer un jeune postdoc qui arrive toujours en retard le matin – à son arrivée, cela fait généralement deux heures que Jasira est à son bureau – et part en avance le soir. Et même si elle travaille beaucoup plus que ce postdoc, ce dernier est curieusement bien plus souvent cité comme coauteur dans les publications. Cela la révolte au plus haut point ; d'autant qu'elle n'y figure même plus en tant qu'auteur.

Elle s'empêtre dans les détails lorsqu'elle décrit l'enchaînement des événements à celle qui la représentera pendant notre séminaire. Nous allons passer en revue ensemble ce qu'elle devra dire au professeur Baron au cours de l'entretien qui aura lieu dans le bureau de ce dernier. Même celle qui la représenterait avait du mal à comprendre la requête spécifique de Jasira. Et c'est bien là que semblait résider le problème. Jasira est convaincue de n'avoir rien le droit d'exiger et se sent mal rien qu'en devant formuler ce qu'elle désire. C'est un cas typique. À la place, nous aurions aussi bien pu évoquer des négociations salariales ou une promotion qui s'imposait depuis longtemps. Partout surgit le même frein interne : une cheffe qui pratique le système de communication horizontal aurait déchiffré depuis longtemps le message sous-jacent que tente de faire passer la collaboratrice insatisfaite. Un supérieur qui communique verticalement pouvait agir de façon juste ou injuste, mais en aucun cas il ne pouvait décrypter ces attentes peu claires et diffuses.

Lorsqu'il fut enfin possible de réduire les attentes de Jasira à trois requêtes concrètes, le jeu commença. Autour de la table sont assis le professeur Baron et sa doctorante. Conformément aux attentes, il s'avère que toutes les tentatives d'argumentation purement intellectuelles échouent et aboutissent à une impasse. Baron a l'air de plus en plus ennuyé et contrarié. Lors d'une dernière tentative, Jasira, au bord du désespoir, s'écrie : « De toute façon, je vaux mieux que le postdoc ! »

Baron s'arrête soudain et regarde pour la première fois Jasira droit dans les yeux. Ses paroles semblent enfin avoir fait mouche. Jasira reprend courage, elle brandit trois fois le poing tout en répétant autant de fois – en regardant Baron droit dans les yeux : « Publications – Publications – Publications ! »

Comportement inapproprié pour une intellectuelle ? Uniquement si l'on considère que cette espèce n'appartient pas à la race humaine. Baron la prenait enfin au sérieux et – s'en réjouissait ! Il était même enfin prêt à faire des concessions. Dès le début, il savait qu'il était question ici d'un jeu de pouvoir ; ce n'est que lorsque la doctorante lui avait enfin fait comprendre qu'elle était une partenaire à prendre au sérieux dans le jeu qu'il l'avait réellement écoutée.

Ce n'est bien sûr aucunement garanti, mais il y a de fortes chances que les personnes de l'espèce de Baron ne décrochent pas mentalement lorsque des femmes exigent quelque chose expressément ; et surtout pas concernant un symbole de statut qui reflète un certain rang hiérarchique. Dans ce contexte académique, il s'agissait de publications ; dans un autre, cela aurait pu être un autre symbole de la liste précédente.

Les stéréotypes sociaux ont la vie dure. Pour les changer, il faut préalablement en comprendre le fonctionnement. Lorsque l'on reproche aux femmes qui occupent une position dirigeante d'être « agressives » ou « trop ambitieuses » alors qu'elles ne font qu'exiger le même traitement que leurs collègues masculins, il faut tenir compte du contexte. D'abord, elles ne devraient accorder aucune importance aux attributs qui semblent méprisants. Aussi catastrophique qu'ait été la politique de Margaret Thatcher, de bien des points de vue, pour l'Angleterre – son attribut de « Dame de fer » force le respect dans un milieu vertical et n'inspire certainement pas la condescendance. La redoutée *cost-killeuse* Ruth Porat fut surnommée *ruthless Ruth* (Ruth sans scrupule) par les hommes d'Alphabet Inc. Était-ce préjudiciable ? Certainement pas. C'était plutôt admiratif.

Toutefois, j'ai l'impression que les femmes qui occupent des postes de direction sont surtout considérées comme inconvenantes dans un environnement vertical lorsqu'elles renoncent à élucider la question de leur statut. Comme elles s'intéressent davantage au contenu, elles en oublient parfois de clarifier les apparences. En premier lieu, cela ne les concerne pas elles-mêmes en tant que cheffe, mais elles-mêmes devant un chef. Surtout devant un chef qui n'est bon à rien ou qui est dépassé par sa tâche. Comme beaucoup d'entre elles sont performantes, elles remarquent qu'elles valent mieux que leur chef. En revanche, elles sous-estiment souvent la pression implicite qu'elles exercent sur leur bon à rien de chef. « Espérons qu'elle ne posera pas de questions qui révéleront aux yeux de tous à quel point je suis incompétent en tant que chef ! » Les femmes qui sont des *overachievers* seraient bien avisées de donner à ces chefs à l'esprit si étroit ce dont ils ont tant besoin : la sécurité. Ce n'est qu'à cette condition qu'une revendication sera politiquement avisée. Toutefois, il faudra d'abord payer le prix que ceux qui communiquent verticalement règlent constamment : la reconnaissance du rang hiérarchique.

Lorsque j'applique cette technique dans mes séminaires, je constate avant tout que les femmes très efficaces ne parviennent pas à verbaliser cette reconnaissance. « Pourquoi devrais-je reconnaître explicitement le rang hiérarchique de ce crétin de chef ? » Pour une raison simple : parce que sinon il se sent tellement menacé qu'il ne m'écoute même plus. Une reconnaissance du rang hiérarchique doit généralement remplir deux conditions : elle doit a) être exprimée explicitement, et b) le rang de la personne concernée ne doit pas être périphrasé ; il doit être exprimé verbalement en utilisant l'intitulé de poste. Pour faire court : même vis-à-vis d'un nul, qui est malheureusement mon chef, je dois reconnaître : « Vous êtes le directeur » ou « Vous êtes le chef de service » ou « Vous êtes le président du directoire ». Beaucoup de femmes trouvent cela grotesque, superflu, voire ridicule. C'est ce que l'on ressent dans le système horizontal, car cette affirmation entraîne toujours un jugement. Dans ce système, l'affirmation « vous êtes le chef » entraîne simultanément l'évaluation « vous êtes un bon chef ». Ce qui n'est évidemment pas le cas…

Ce n'est absolument pas ce qui est compris dans le système vertical. Cette reconnaissance du rang, comprise comme un acte purement formel, n'a absolument rien à voir avec la qualité professionnelle de la personne concernée, dont le titre professionnel est inscrit sur la carte de visite ou sur la porte. Cet abruti est effectivement désigné par un titre dans l'organigramme. Dans le système vertical, il paraît donc évident que ce rang peut être accordé sans aucune ironie (l'ironie dans ce contexte mènerait tout droit à la catastrophe…) à quelqu'un qui n'en a absolument pas les compétences.

Lorsque les femmes exigent professionnellement quelque chose de la part de leur supérieur, elles peuvent donc procéder exactement comme leurs collègues masculins. Mais la condition incontournable est la reconnaissance du rang hiérarchique. Sans elle, rien n'est possible, ou presque.

# — CHAPITRE 9 —
# LES TITRES À LA COUR
## OU : SAVOIR ENDOSSER SA FONCTION

## TITRE ET CARTE DE VISITE

Lorsque je demande aux participantes de mes séminaires leur carte de visite, je constate que la moitié d'entre elles n'en ont pas apporté. Lorsque nous en discutons, il ressort souvent que beaucoup de femmes ne savent pas bien ce qu'elles doivent en faire, à moins que quelqu'un ne leur en demande une expressément.

Il nous arrive ensuite parfois de jouer une petite scène : à la fin d'une réunion, les participants se disent au revoir. Même dans ce cadre, il ne leur vient pas à l'esprit d'échanger leur carte de visite. À quoi bon puisque la réunion n'a pas permis de tisser de relations particulièrement étroites ?

Dans ce type de situation, les personnes qui communiquent verticalement se comportent totalement différemment. Elles distribuent leur carte de visite à la moindre occasion. De retour au bureau, elles passent du temps à ranger soigneusement et à étudier les cartes de visite qu'elles ont récupérées. Celles qui représentent un intérêt politique particulier seront éventuellement ajoutées à une liste de diffusion – au moins pour l'envoi de cartes de vœux. Dans l'un ou l'autre cas, on essaie d'entretenir le contact en envoyant un message électronique – même s'il ne s'agit que d'un contact extrêmement superficiel avec lequel on n'a pas forcément eu de véritable discussion pendant la réunion. Pour de nombreuses femmes, un tel comportement paraît gonflé et envahissant. En revanche, beaucoup d'hommes se créent ainsi un réseau toujours plus étendu de contacts, évidemment superficiels, mais qui peuvent se révéler extrêmement utiles professionnellement. C'est même prouvé statistiquement.

Dans le cadre d'une étude sur les promotions à des postes de direction (salaire brut annuel supérieur à 100 000 euros), des dirigeants furent interrogés sur les facteurs ayant favorisé leur carrière. Ils évoquèrent notamment leurs compétences spécifiques, leurs connaissances de langues étrangères, leurs relations personnelles et l'apparence. Parmi ces cadres, 21 % des hommes considéraient « des activités non directement liées à l'activité professionnelle » comme des facteurs de réussite essentiels – contre 0 % des femmes !

Quelles sont ces activités sans aucun lien avec l'activité professionnelle ? D'après les économistes qui menèrent l'étude, il s'agit du « réseautage » : les hommes avec qui on pratique une activité sportive ou que l'on retrouve sur le terrain de golf, les pères de vieux copains, les connaissances superficielles faites lors de réunions. Dans ce contexte, un détail comme une carte de visite se révèle beaucoup plus significatif.

À quoi fait attention un communicant vertical en voyant une carte de visite ? Tout d'abord, à l'épaisseur du papier. Un papier fin imprimé soi-même ne dit rien qui vaille. Puis le design : la couleur n'est pas indispensable, mais le graphisme doit avoir manifestement été conçu par un professionnel. La carte ne doit pas être tape-à-l'œil, mais elle peut sembler chère. Ce qui est décisif pour une carte de visite, c'est évidemment l'intitulé de la fonction, qui nécessite généralement une réflexion aussi poussée que celle menée par les nobles jaloux à la cour de Louis XIV.

Pour ce qui est de la désignation officielle de la profession, il ne s'agit pas d'un quelconque titre provisoire, vaniteux et émotionnellement insignifiant dont le contenu n'est pas si important, de surcroît. Il s'agit d'un message fort et donc d'un signal de pouvoir. Les hommes savent aussi décrypter ce qui n'est pas expressément formulé : « Direction du marketing » implique une position moins forte que « Directrice du marketing ». Lorsque sous le nom il est écrit en petits caractères « Chef de projet », les individus de type vertical sauront évaluer l'écart de poids par rapport à une personne du « Service d'achats ». De même, un titre universitaire a indubitablement une grande signification politique. C'est donc rarement par hasard et innocemment que des hommes accueillent un nouveau collègue par un tutoiement égalitaire en signe d'apparente camaraderie. Cela permet à ceux qui n'ont pas le statut de docteur ou de maître d'aplanir habilement un écart potentiel de rang hiérarchique.

Il existe naturellement aussi des cultures d'entreprise dans lesquelles un tutoiement général est si naturel que l'on ne peut s'y dérober. Dans de nombreux cas, le « tu » reste néanmoins à manier avec prudence. D'un vouvoiement officiel, on peut facilement glisser vers un tutoiement. Lorsque ce glissement s'est produit, le retour du « tu » au « vous » risque d'être interprété comme un affront personnel. Ce qui est inscrit sur la porte du bureau est au moins aussi significatif que la désignation de la fonction sur la carte de visite. Ne croyez surtout pas que cela ne signifie rien si cela fait des semaines que l'on « oublie » complètement de changer la plaque indiquant votre nouvelle fonction sur votre porte de bureau. Cela revient au même qu'un homme qui en bouscule un autre lorsqu'ils se croisent dans le couloir : « Voyons s'il va tolérer de se laisser bousculer sans réagir… »

La discussion sur la désignation exacte de la fonction professionnelle est souvent considérée comme pénible pour le communicant horizontal qui vient de décrocher une promotion. Pour beaucoup d'entre vous, le travail effectivement réalisé est bien plus important ! Mais lorsque vous travaillez avec des collègues masculins, définir exactement l'intitulé de sa fonction mérite qu'on y consacre un peu d'énergie. En effet, vos collègues de type vertical savent très précisément que la désignation de la fonction n'est rien d'autre que l'expression du rang hiérarchique visible dans l'entreprise. C'est un symbole de pouvoir au même titre que la tenue vestimentaire qui correspond à cette fonction ou l'un des autres symboles de statut mentionnés précédemment.

Lorsque mes clientes sont confrontées à des conflits dans leur domaine d'activité, je constate régulièrement que leur propre image de soi est en contradiction avec le rôle officiel qu'elle joue dans l'entreprise. Beaucoup se sentent responsables du « bien-être de tout leur entourage ». Beaucoup considèrent qu'il est important dans leur position professionnelle de tenir compte de la situation privée de leurs collaborateurs au même titre que leur situation professionnelle. Beaucoup croient que l'on « fait bien son job » quand on est aimé par le plus de gens possible. Mais nous parlons effectivement ici d'une activité professionnelle pour laquelle on est rémunéré lorsqu'une certaine prestation est accomplie. Si en plus l'ambiance est bonne, alors c'est encore mieux ! Mais, dans un environnement à comportement majoritairement vertical, ce n'est certainement pas la priorité, comme ça pourrait l'être dans un cercle d'amis.

## LE SQUELETTE DE LA MISE EN SCÈNE

Quelles que soient les raisons de la contradiction entre l'image de soi et la réalité – chez les collègues ou les supérieurs qui s'intéressent au rang hiérarchique, cette attitude aboutit à ce que des personnes compétentes qui communiquent horizontalement ne sont souvent pas prises au sérieux dans leur environnement professionnel.

Avant d'aborder la résolution concrète d'un conflit sur le lieu de travail, je conseille donc à ma cliente de prendre au sérieux l'aspect purement formel de son propre rôle professionnel en se posant la question suivante : « Quelle est la dénomination de ma fonction dans mon contrat de travail ? » En cas de doute, c'est cet intitulé qui constitue une sorte de squelette sur lequel reposent les apparences professionnelles et qui les soutient. Beaucoup de communicants horizontaux sous-estiment l'énergie qu'ils économiseraient si leur propre position professionnelle était prise au sérieux : « Je ne le fais pas parce que cela ne fait pas partie de mes fonctions. » Lorsque les femmes tolèrent la fonction de soutien formelle dans la dénomination de leur rang, elles éprouvent moins l'obligation de jouer si souvent le rôle de la « maman » qui se sent responsable de tout et de tous, même dans un contexte professionnel. Il s'agit d'un système qui s'amplifie de lui-même :

## Interaction entre l'image et le rôle

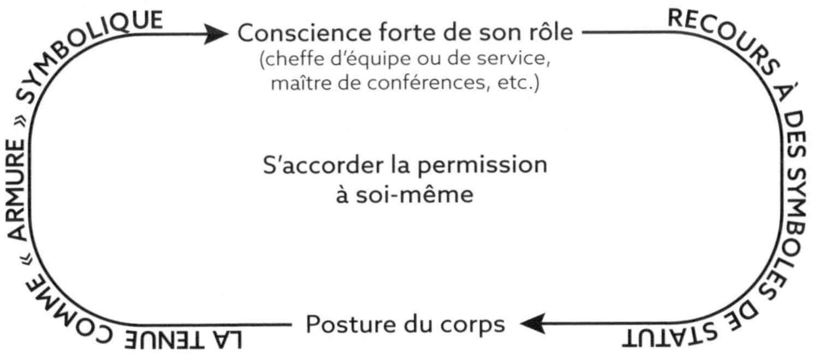


L'ensemble du système de rôles professionnels se résume à un pas intérieur accompli consciemment : lorsque j'ai déjà une tâche définie au sein d'une organisation ou d'une entreprise, alors je dois aussi m'accorder la permission de désirer effectivement cette fonction et de vouloir la remplir – « c'est moi le responsable de cela et pas vous ». Cela peut signifier que je fais des concessions avec mon idéal personnel ou que je reconnais, qu'actuellement, je fais quelque chose qui diffère de mon objectif professionnel à long terme.

Une cheffe de service devenue responsable de plusieurs employés ne devrait plus se comporter comme avant, parce qu'elle n'était auparavant qu'une employée parmi tant d'autres et qu'elle se contentait de faire ce qu'on lui demandait. Maintenant, c'est à vous de donner des instructions. Et si vous trouvez cela risible – « parce qu'ils pourraient bien en avoir l'idée tout seuls » –, alors vous feriez peut-être mieux de retourner à votre place initiale.

Prendre son rôle formel au sérieux est galvanisant. Mais, pour cela, il faut s'autoriser soi-même à tenir ce rôle, ce qui ne va pas toujours de soi. Cependant, lorsque l'on y est prêt, il en découlera une dynamique qui se renforcera d'elle-même : une forte prise de conscience du rôle qui m'appartient pendant une durée limitée entraîne une prise de conscience des symboles de statut indissociables de ce rôle. Lorsqu'ils me sont refusés, je dois les réclamer. Plus je me sens à l'aise dans mon rôle professionnel – soutenu par les attributs caractéristiques de mon rang –, plus il me paraîtra facile d'utiliser le langage non verbal correspondant. Cette attitude est également soulignée par la tenue vestimentaire qui correspond à mon rôle et qui, à son tour, renforce mon identification à mon rôle, de sorte qu'un jour, je pourrais effectivement « habiter » ma fonction professionnelle. Lorsque cela se produira, mes collègues et collaborateurs s'en rendront compte – avec un effet généralement très positif.

Ce système « rôle-tenue/tenue-rôle » qui s'autorenforce a une signification très importante pour les personnes qui communiquent horizontalement parce que, pour beaucoup d'entre elles, endosser une fonction de direction ne va pas de soi.

Dans ce contexte, le pouvoir d'attraction physique est un facteur que j'ai parfois du mal à aborder lors d'un séminaire, mais qui peut jouer un rôle décisif pour la conception du rôle professionnel des femmes. En effet, les femmes particulièrement jolies peuvent rencontrer encore plus de difficultés dans certaines fonctions. Lors d'une discussion entre quatre yeux, j'ai souvent entendu ces femmes déplorer de ne pas être certaines que la reconnaissance professionnelle dont elles faisaient l'objet n'était pas due à leurs compétences – mais seulement au fait qu'on leur avait attribué un « bonus de beauté » : « Qu'est-ce que ça veut dire ? Est-ce réellement un message objectif et concret, ou veut-il seulement coucher avec moi ? »

Dans ce contexte, je ne peux que conseiller aux femmes de réfléchir à leur apparence à tête reposée. Lorsque les amis, la famille ou les collègues ne se révèlent d'aucune utilité, il faut se faire aider par d'autres personnes de confiance ou un coach pour mieux comprendre l'impact que l'on produit soi-même. Il ne faut pas non plus surévaluer l'apparence – les personnes verticales y ont de toute façon moins tendance –, il faut néanmoins connaître son effet naturel. Sans sentiment de culpabilité, sans complexe d'infériorité. L'apparence est un facteur professionnel qui a autant de valeur que des connaissances en informatique. Les femmes comme les hommes doivent l'assumer consciemment et en connaître l'effet, mais il faut aussi l'accepter et ne plus s'en occuper.

Lorsque les communicants horizontaux prennent leur rôle professionnel au sérieux, cela ne signifie pas pour autant qu'ils doivent le jouer en permanence. C'est un rôle professionnel qui n'a de sens « que » sur la scène professionnelle. La fonction professionnelle exercée ne coïncide pas avec l'ensemble de la personnalité. À la fin de la journée de travail, lorsque les forces dirigeantes quittent cette scène, elles peuvent aussi devenir quelqu'un d'autre ; en mettant de côté ma fonction, je peux aussi m'en soulager. Je peux découvrir un sens plus profond au rôle professionnel que j'ai endossé si je l'observe avec un certain recul : je sais que cette pièce de théâtre a aussi ses limites, mais tant que je suis sur scène, je joue mon rôle à la perfection. Ensuite, je n'ai plus besoin de le prendre aussi au sérieux.

## LES HOMMES QUI NE COMMUNIQUENT PAS VERTICALEMENT

Les femmes ne sont pas les seules à avoir des scrupules à endosser et à jouer leur rôle officiel. Même si la majorité des hommes maîtrisent les jeux anciens de la hiérarchie et des symboles de statut, des comportements territoriaux et des contacts physiques, des rivalités et de la communication non verbale, un pourcentage – réduit – d'hommes se retrouve également dépassé dans cet univers de communication verticale. Lorsque j'en vois parmi mes clients pour qui c'est le cas, une grande partie d'entre eux ont été élevés par une mère seule. Pas seulement des mères séparées qui élèvent seules leur enfant après un divorce. Dans beaucoup de foyers, le couple élève officiellement les enfants, mais le père n'assume pas son rôle auprès des enfants, parce qu'il n'est pas présent à la maison ou parce qu'il laisse intentionnellement ce rôle à la mère.

Cela a malheureusement pour conséquence que ces jeunes hommes n'ont pas de « modèles » qui communiquent verticalement et auxquels ils peuvent s'identifier. Il n'y a personne qui puisse leur dire « c'est comme ça que font les gens verticaux » ou dont ils peuvent imiter le langage corporel. Personne ne vient leur montrer qu'il est possible de communiquer autrement que de façon littérale. Les jeux physiques ne sont souvent pas expérimentées, la compétition n'est pas ressentie comme galvanisante et peu menaçante. La signification d'une hiérarchie stimulante n'a pas été vécue par le biais d'un parent vertical. En résumé : l'initiation au monde vertical ne s'est pas faite, et c'est pourquoi ces garçons devenus des hommes rencontrent parfois de grandes difficultés dans leurs rapports professionnels avec d'autres représentants de leur système. Leurs interlocuteurs présupposent qu'ils les comprennent et lorsque, contre toute attente, ce n'est pas le cas, on leur fait vite remarquer qu'ils ne sont pas à leur place. Voyons la situation suivante : un homme à haut potentiel, vêtu d'un costume élégant, traverse l'atelier et se fait bousculer par un ouvrier en bleu de travail. Il se creuse alors les méninges pour savoir si a) c'est intentionnel, b) une réaction verbale est appropriée (« mais que dois-je dire ? »), ou c) il doit immédiatement exiger une mesure disciplinaire de la part de la direction du personnel. Ce n'est qu'un exemple parmi tant d'autres. Certaines formes de communications verbales et non verbales ne peuvent être projetées au premier abord que par des personnes appartenant au même système de communication. Dans le cas de la communication verticale, ce rôle de modèle ne doit pas nécessairement être tenu par le propre père de l'enfant ; il peut aussi s'agir d'un oncle ou d'un grand-père, d'un collègue aux traits paternels, d'un enseignant, voire d'un supérieur hiérarchique bienveillant. La mère ne suffit pas toujours, malgré tout son amour et son abnégation. Ce n'est certainement pas un reproche adressé aux femmes seules – si c'en était un, il serait plutôt adressé aux hommes absents qui n'ont pas compris que cela fait aussi partie de leur rôle.

Les hommes qui n'ont pas appris à parler le langage vertical, mais qui y sont souvent confrontés dans le monde de l'entreprise, souvent sans mise en garde, ont toujours la possibilité de l'apprendre, comme pour toute langue étrangère. Quand on se lance dans cet apprentissage, les probabilités sont grandes que, tôt ou tard, on arrivera à se débrouiller.

— CHAPITRE 10 —

# L'HUMILITÉ ET LES MARCHÉS

## OU : COMMENT LA PERFORMANCE EST CACHÉE

## JEU DE L'ÉLASTIQUE POUR LES CHEFFES

Le jeu de l'élastique est un jeu étrange – en tout cas du point de vue des communicants verticaux. Deux fillettes se font face avec un élastique autour des chevilles. Elles sont espacées d'environ 1,50 à 2 m de façon que l'élastique soit tendu au niveau du sol. Lorsqu'elles ferment les jambes, l'écart entre les bandes d'élastique diminue. Au contraire, lorsqu'elles écartent les chevilles, l'espace entre les bandes s'agrandit.

À l'intérieur de ces bandes d'élastique, entre les deux fillettes, une troisième joueuse accomplit des figures prédéfinies. Objectif : enchaîner le plus de figures à des hauteurs d'élastique toujours plus élevées sans se tromper dans l'ordre des figures ou rater l'élastique. En cas de faute, les fillettes intervertissent leurs places. Ce jeu peut durer des heures. Le niveau de difficulté va de simples mouvements rythmés à des enchaînements de figures compliquées. Mais il faut toujours respecter des chorégraphies transmises de génération en génération. Pour compliquer le jeu, les bandes d'élastique sont relevées par les fillettes qui se trouvent aux deux extrémités – des chevilles aux mollets, puis aux genoux, jusqu'au cou. Le vainqueur est celui qui, au bout de plusieurs jours de jeu, parfois, aura réussi à aller le plus haut.

Les garçons ne jouent généralement pas à l'élastique. Ça les ennuie. Ils n'y voient aucun intérêt puisque le jeu peut durer très longtemps avant qu'un joueur ne gagne la partie. Le nombre de participants est beaucoup trop réduit à leur goût. Et il n'y a pas assez d'action dans l'espace puisque tout se joue au même endroit. Bref, le jeu de l'élastique est un jeu « horizontal ».

Ce jeu crée une sorte de petite unité exclusive, qui peut même encore être réduite au point de remplacer les deux joueurs debout aux deux extrémités par deux chaises. Dans ce cas, celle qui saute se retrouve à jouer toute seule et à accomplir ses performances en silence. En général, les fillettes le font pour s'entraîner toutes seules à la maison. En réalité, elles préfèrent que leurs prouesses chorégraphiques soient vues.

Cependant, une hausse des performances au jeu de l'élastique peut aussi avoir des côtés ambivalents. En effet, si l'une des joueuses maîtrise particulièrement bien les figures, les autres seront cantonnées au rôle de simples observatrices. Plus cela durera longtemps, plus les chances seront faibles que les joueuses changent de rôle, et plus cela énervera les deux filles debout. Il se produit alors souvent la chose suivante : quand personne ne regarde, l'une des deux filles debout fait soudain un petit mouvement qui fait bouger l'élastique. Si la fille qui saute ne s'en rend pas compte, elle sautera à côté, et c'est là que les cris commencent : « Tu l'as fait exprès ! – Pas du tout ! C'est toi qui t'es trompée, etc. » Jusqu'à l'issue qui mettra tout le monde d'accord : l'attaque cachée sera oubliée ou on arrêtera de jouer.

Cela peut aussi entraîner des effets secondaires désagréables pour les personnes qui, grâce à un entraînement intensif, sont devenues de véritables expertes du jeu de l'élastique : plus personne ne voudra jouer avec elles. L'amélioration des performances sera pénalisée par l'exclusion. Sauf si l'experte est assez maligne pour se tromper de temps en temps...

Qu'apporte précisément l'habileté acquise grâce à l'entraînement ? Elle aboutit à des performances accrues dans le strict respect des règles. L'origine de ces règles n'est pas remise en cause par les jeunes joueuses. Elles ont été forgées par des générations de joueuses, les plus grandes en faisant la démonstration aux plus jeunes. Les origines remontent probablement à la nuit des temps. Ce qui ne se produit pour ainsi dire jamais, ce sont des joueuses qui commencent à improviser des figures ou à créer de nouvelles combinaisons. Cela ne plaît pas du tout aux autres filles.

Le jeu de l'élastique, qui jouit toujours d'une certaine popularité auprès des petites filles, n'est qu'un exemple, bien que significatif, parmi tant d'autres. De quoi ? Du comportement horizontal. Pour le sujet qui nous intéresse, nous nous pencherons plus particulièrement sur la façon dont le jeu gère a) les revendications de pouvoir et les questions de hiérarchie, b) la performance et sa représentation, et c) les atteintes à la cohésion du groupe.

La première question paraît presque un peu absurde si l'on considère ce jeu. En effet, ce n'est pas un jeu dans lequel le vainqueur est rapidement désigné. Le jeu est considéré comme réussi lorsqu'il dure longtemps. Il a une valeur intrinsèque. Les uns encouragent les autres. Le jeu est gratifiant lorsque les joueuses échangent leur place à intervalles réguliers. La question ne devient pertinente que lorsqu'elle est posée de façon plus globale. À quoi jouent les garçons en comparaison ? Pourquoi ne jouent-ils pas aussi au jeu de l'élastique ? Parce qu'il ne s'agit pas en premier lieu de désigner un vainqueur et qu'il ne donne pas lieu à une hiérarchie. Les garçons préfèrent les jeux offrant plus de possibilités de conquête de terrain, de compétition et de résultats rapides pour la désignation de leaders. On trouve aussi des filles qui n'aiment pas jouer à l'élastique, mais c'est une minorité.

Toutefois, cela ne signifie pas pour autant qu'il n'y a pas de compétition dans le jeu de l'élastique. Après de longues heures de jeu, l'une des joueuses aura mieux sauté que les autres. Cependant, ce fait ne sera pas vanté verbalement de façon explicite. Tout le monde peut le voir et ça doit être suffisant : sinon, ça devient vite pénible. Tout le monde sait et redoute aussi que cette amélioration des performances passe vite de la reconnaissance à la punition. Et c'est précisément ce qui donne lieu au « réflexe d'humilité rituelle » identifié par Deborah Tannen : « Réalise une performance, mais ne t'en vante pas ! » Même au jeu de l'élastique. Et plus tard aussi, sur la voie de la réussite professionnelle. Malheureusement, cela ne fonctionne absolument pas avec ceux qui communiquent verticalement et qui observent ce comportement. Ils suivent la devise : « Quand tu as réussi quelque chose, alors montre-le. Si tu n'as rien à montrer, alors tu n'as rien accompli (ou, encore plus extrême, si tu n'as rien accompli, tu peux parler de performances… c'est toujours mieux que de ne rien dire). »

La question de l'appartenance au groupe est omniprésente dans ce jeu. Une bonne joueuse est une joueuse qui réussit à sauter le plus haut en respectant fastidieusement les règles chorégraphiques. Une mauvaise joueuse est une joueuse qui n'y arrive pas. Cela fait partie des règles officielles et reste tolérable. Celle qui enfreint les règles non-officielles sera rapidement pénalisée. Cela vaut tout particulièrement pour la joueuse brillante. « Personne ne joue aussi bien à l'élastique qu'elle ! » – Cela équivaut à une condamnation à mort sociale. Pense-t-elle vraiment être la meilleure ? Alors nous ne la laisserons plus jouer avec nous.

Au contraire, dans les jeux verticaux, celui qui tape le mieux dans le ballon, par exemple, ne sera pas exclu. Tous les joueurs seront fiers de l'avoir dans leur équipe. La menace d'exclusion est précisément la leçon que les cheffes apprennent dès leur plus jeune âge. Je faisais partie d'un groupe et voilà que je me retrouve tout d'un coup toute seule ? Et, pour finir, je dois même me comporter explicitement en tant qu'instance de contrôle ? À quoi cela mène-t-il ? À la solitude.

## LES BONNES PERFORMANCES S'IMPOSENT

C'est devenu un bien triste refrain pour moi que d'entendre des femmes hautement qualifiées se lamenter que leur engagement, leur dévouement et leurs bons résultats ne sont pas appréciés à leur juste valeur par leurs supérieurs masculins. Tous les collègues le savent : Nathalie fait du très bon travail, mais étrangement le chef n'en tient aucun compte. Effectivement, les personnes qui communiquent horizontalement pensent que, pour leur carrière, il suffit qu'elles fassent du bon travail sans en faire toute une histoire. Elles partent du principe que la qualité de leur travail parle d'elle-même et qu'il n'est pas nécessaire d'en faire la publicité au sein de l'entreprise. Comme pour le jeu de l'élastique : bien jouer – mais ne pas s'en vanter.

Il existe évidemment des supérieurs adeptes de la communication verticale qui n'hésitent pas à encourager d'eux-mêmes les femmes, même si celles-ci ne se font pas de publicité. Cependant, c'est loin d'être la règle. Dans leur grande naïveté, beaucoup de ces chefs partent du principe que ceux qui sont vraiment très bons en parlent aussi. Et que ceux qui n'en parlent pas ne doivent pas être particulièrement bons.

Selon Deborah Tannen, l'un des rituels typiques que les petites filles s'apprennent mutuellement consiste à « endosser une position d'infériorité en présupposant que l'autre personne percevra la nature rituelle de cette abnégation et la revalorise ». Les communicants horizontaux reconnaissent effectivement ce modèle et y répondent de la façon attendue. En revanche, les adeptes de la communication verticale comprennent très rarement ce comportement, parce qu'il va totalement à l'encontre du leur. Pourtant, beaucoup de femmes continuent à partir du principe que leurs collègues, chefs et clients doivent être au courant du bon travail que Nathalie a accompli. Elles s'attendent aussi à ce qu'ils lui accordent la reconnaissance qu'elle ne réclamera pas officiellement et sur laquelle elle n'aura pas attiré l'attention par réflexe d'humilité. Et revoilà le jeu de l'élastique ! Pourtant, la majorité des gens qui communiquent verticalement sont totalement dépassés par ces stratégies. Jeux de rivalité : avec plaisir. – Jeux de devinettes : non, merci.

Les frères Grimm écrivirent un conte qui illustre parfaitement la façon dont ceux qui communiquent verticalement abordent ce thème : c'est *Le Vaillant Petit Tailleur*. En effet, le haut fait de ce tailleur n'est pas non plus si vaillant que cela. Tuer sept mouches sur une tartine de confiture ne constitue objectivement pas une démonstration d'engagement extraordinaire ou d'exceptionnelles aptitudes de leader. Néanmoins, le héros vertical de l'histoire s'en sert dans une campagne de promotion personnelle extrêmement efficace, dans laquelle il mise sur le fait que les autres (hommes ?) se méprennent sur son slogan « Sept d'un coup » et qu'ils le considèrent comme un authentique témoignage de son statut de killer.

Comment une vaillante petite tailleuse aurait-elle décrit le déroulement des faits ? Il est probable que vous n'auriez pas eu l'idée de transformer un geste ordinaire en haut fait personnel. Si vous aviez dû communiquer un message – probablement pas inscrit sur une ceinture visible de tous –, vous l'auriez sans doute formulé en toute objectivité et sans fanfaronner : « Sept mouches d'un coup. » Ni plus ni moins, exact sur le fond. Il aurait été entendu avant d'être oublié aussitôt puisque totalement futile. Il n'y a là aucune perspective de promotion.

Il est évident que ces mécanismes acquis défavorisent les femmes dans des situations décisives pour leur carrière. Lorsqu'un parti cherche à établir un consensus tandis que l'autre cherche en permanence à tenir le premier rôle, il est fort probable que le second s'impose. Face à des supérieurs ou à des collègues qui communiquent horizontalement, les femmes doivent réfléchir à deux fois au contexte dans lequel elles veulent mettre en évidence leurs propres résultats professionnels. Il en va tout autrement de leurs chefs qui se comportent verticalement. Ce comportement est exactement celui auquel elles s'attendent – même de la part de leurs supérieurs.

## RETOUR DE L'ATLANTIQUE

En plus des cas d'humilité mal placée, il arrive malheureusement souvent qu'une dirigeante hautement qualifiée commette l'erreur d'avoir un enfant. Ou, pire encore, non seulement d'avoir mis au monde un enfant, mais de s'être longtemps absentée de l'entreprise.

Un beau jour, la jeune maman revient au travail. En général, elle commence par s'entretenir avec son supérieur. S'il s'agit d'un environnement de travail majoritairement vertical, elle risque alors d'avoir de mauvaises surprises. Le poste précédemment occupé a été réattribué, même si tout le monde savait que l'employée allait revenir. La fonction à laquelle elle se retrouve affectée n'a plus aucun rapport avec la direction, sans aucune perspective à long terme. Il semblerait que la jeune maman doive tout reprendre par le commencement.

Malheureusement, cette expérience est si répandue que certaines femmes qui en sont plus ou moins affectées renoncent même à avoir des enfants ou repoussent le plus possible le moment de fonder une famille.

Toutefois, cette situation n'est pas incontournable. En fait, deux thèmes semblent perdre de leur importance après l'expérience décisive de l'arrivée du bébé : celui du territoire et celui de la valorisation des performances personnelles.

En raison de la sous-estimation de ces facteurs, c'est tout juste si les jeunes mamans ne se mettent pas à présenter des excuses : « Malheureusement, je suis tombée enceinte et j'ai eu un bébé. Évidemment, je comprends bien que cela ait pu perturber le fonctionnement de l'entreprise. J'en suis sincèrement désolée ! » Celle qui prononce ce type de message d'humilité tend dès le début la perche à son adversaire vertical pour se faire rétrograder, et celui-ci s'empressera de la saisir.

Il est utile de commencer par revoir le congé parental (ou d'autres absences prolongées) du point de vue du territoire. En effet, il signifie tout bonnement que la jeune maman n'est plus visible sur le terrain. Celle qui n'est plus présente sur un territoire sur lequel se décident tant de classements verticaux sera au mieux une cause de contrariété, mais il est fort probable que ce ne sera pas pris en compte dans les décisions. Elle aura totalement disparu des radars.

Pour préparer le retour, il faudrait au minimum faire des apparitions régulières sur ce territoire pendant le congé de maternité et juste après. Il ne suffit pas de garder le contact par mail avec les collègues, puisque cela ne se passe pas sur le terrain. Les occasions ne doivent pas nécessairement comporter des motivations professionnelles. La visite peut être assez courte. Aborder différents thèmes ne fait pas non plus de mal. Le seul aspect important est le constat indubitable qu'on sera de retour à son poste à responsabilités. Ce sujet peut parfaitement être mentionné dans le bureau, près de la machine à café, chez le chef, chez la secrétaire, juste avant de repartir.

Avant de se retrouver assise devant son chef le jour J, il faudra d'abord passer en revue les défis auxquels on a été confronté avec l'arrivée du bébé. La fatigue physique (nausées ? rétention d'eau ? risque de thrombose ?), les douleurs de l'accouchement, éventuellement les risques, la vigilance 24 h/24, le manque de sommeil, le bouleversement de l'organisation, la vitesse de réaction, le stress, les nerfs d'acier, etc. Toutes ces expériences sont probablement aussi inconnues à l'interlocuteur vertical que la traversée de l'Atlantique en solitaire. Peut-il sérieusement imaginer ce que ça fait de faire pousser un être vivant dans son propre corps ? Il est fort probable que non ! Il faut donc le lui traduire (même si le chef a lui aussi des enfants). Et ne jamais partir du principe qu'il sait déjà tout cela.

Il ne considère sans doute la jeune maman que comme une perte de savoir-faire pour l'entreprise. Au lieu de cela, il faut lui faire comprendre qu'elle va pouvoir lui faire profiter de nouvelles compétences acquises qui seront cruciales pour sa fonction dans l'entreprise !

Tout sauf un motif d'excuses. Plutôt un immense défi à relever, comme pour le lancement d'une start-up risquée, une expédition dans l'inconnu ou une pause pour des raisons stratégiques (avec les mêmes perspectives).

Mais, et cela reste le plus gros défi propre au camp horizontal, qui a tendance à dévaloriser ses propres performances : la jeune maman doit activement exposer la pertinence de cette aventure pour l'entreprise. Sinon, l'issue en sera plus qu'incertaine…

Il va évidemment de soi que les tentatives de rétrogradation des fonctions précédemment occupées doivent être repoussées. Peut-être faudra-t-il légèrement revoir le poste puisque, entre-temps, des changements structurels auront eu lieu. Sans dépasser les limites du raisonnable.

## SEUL L'ESPRIT D'ÉQUIPE COMPTE

Il semblerait que dans une société du savoir mondialisée comme la nôtre, l'échange fluide et décentralisé d'informations dans une ambiance d'équipe stimulante soit exactement ce qui fasse avancer les services, les entreprises et les institutions. Beaucoup de sociétés agitent aussi l'immense drapeau de l'esprit d'équipe. Toutefois, j'ai parfois l'impression que cette approche misant initialement sur la recherche d'efficacité pourrait dériver vers une sorte d'idéologie du travail d'équipe dans laquelle les personnes qui communiquent horizontalement se font avoir : parce qu'elles semblent légendairement sociales. Ce sont souvent les femmes compétentes, qui s'entendent bien avec tout le monde, qui sont appréciées de tous, mais qui à un moment donné de leur parcours professionnel n'arrivent pas à faire carrière – parce que, comme me l'expliqua un soir le chef de service d'un groupe mondial, elles ne sont pas assez « dures à cuire » ; certes, elles sont qualifiées, mais elles ne sont pas assez résistantes. Bof, mais qu'en est-il alors de l'esprit d'équipe mis en avant par le groupe dans le monde entier ? La réponse du chef de service est sans équivoque : on en a besoin pour les affaires courantes, mais si l'on veut gravir les échelons, il faut savoir s'imposer et vouloir à tout prix devenir le numéro un.

En psychologie et en conseil aux entreprises, on parle d'*official agenda* – de discours officiel – et de *hidden agenda* – de motivations cachées qui ne sont pas exprimées ouvertement ; et malheureusement, c'est le *hidden agenda* qui pèse beaucoup plus lourd dans l'entreprise que l'*official agenda*. Cela concerne évidemment aussi les institutions et les entreprises qui affichent un système de valeurs très ambitieux en interne comme en externe. À la pointe, on trouve les « entreprises tendance », c'est-à-dire les entreprises dans les milieux religieux, syndicaux ou politiques. Elles sont suivies de près par des secteurs académiques, comme les universités où tout tourne officiellement et exclusivement autour de performances intellectuelles ; puis viennent les grandes entreprises avec des programmes d'aide destinés aux femmes ou de « management de la diversité ». Ou encore les médias qui affirment se focaliser sur la qualité journalistique.

Ces revendications sont évidemment essentielles pour l'image de ces organisations et, d'un point de vue historique, elles constituent vraiment un grand pas en avant. Mais il serait naïf de supposer que ces affirmations finiront par s'imposer d'elles-mêmes simplement parce qu'un jour ou l'autre, elles ont été écrites dans une brochure ou sur un site Web. Malheureusement, certaines de mes clientes qui travaillaient dans des domaines où la *corporate identity* était brandie comme un étendard m'ont rapporté que des femmes qui avaient pris ces promesses officielles pour argent comptant étaient tombées de haut lorsqu'elles s'étaient retrouvées confrontées à de l'agressivité à peine déguisée dans des comités où la communication verticale régnait en maître. Ces femmes auraient bien voulu croire que c'était un hasard si leur collègue regardait constamment sa montre lorsque c'était à leur tour de parler en réunion d'équipe. Ou encore que le comportement de ce collègue qui arrivait toujours en retard aux réunions dirigées par une femme ou qui tapait bruyamment sur son clavier lorsqu'une collègue avait la parole n'était pas malintentionné.

Mais croyez-moi : ce n'est pas un hasard. Il s'agit de jeux de pouvoir ordinaires que les adeptes de la communication verticale se plaisent tant à pratiquer afin de tester la position de chacun dans la hiérarchie. Quelle que soit la manière dont la politique officielle de l'entreprise a été formulée. C'est vraiment injuste, n'est-ce pas ? Bienvenue à bord.

Savoir décrypter le *hidden agenda* peut donc être décisif pour votre vie professionnelle et votre avenir au sein d'une entreprise. Sinon, vous risquez de vous référer en permanence à un discours officiel auquel il est certes fait référence constamment au bureau, en réunion, dans les discussions avec les clients ou en assemblée, mais qui n'est pas appliqué concrètement. Très souvent, les discours officiels sans réel poids politique sont défendus quotidiennement par ceux qui communiquent sur le plan du high talk (langage verbal et intellectuel), tandis que la politique concrète est mise en œuvre par le biais du basic talk (langage verbal, mais non intellectuel) ou du move talk (langage non verbal).

## LES COMPROMIS DANS LA MATRICE

Parce que face à des problématiques à la complexité croissante, des groupes hiérarchiquement organisés ne se sont pas toujours montrés suffisamment efficaces, des entreprises et des organisations ont misé sur une structure matricielle ou promettent un « travail agile ». Une matrice doit permettre une communication plus rapide et centrée sur des thématiques. Toutefois, elle présuppose – quand on se tient à l'idée qui sous-tend cette forme d'organisation – un système de valeurs de communication concrètes et solides : il faut être prêt à échanger en permanence. Étonnamment, ceux qui communiquent horizontalement ont beaucoup de mal dans ce contexte. Non pas parce qu'ils n'en sont pas capables. En principe, ils devraient même y exceller. En fait, l'idée que, dans un groupe, seule la compétence professionnelle est décisive est une notion totalement horizontale.

Non, c'est lié aux nombreux collègues verticaux qui, certes, se trouvent officiellement aussi dans la matrice, mais qui, officieusement, évoluent totalement ailleurs, c'est-à-dire, comme précédemment, dans leur bien-aimé système hiérarchisé vertical. Ce qui compte vraiment pour eux, ce sont rarement les « seules » compétences professionnelles de la responsable du projet ou de la supérieure. Pour beaucoup de messieurs, le seul critère décisif est « qui a effectivement son mot à dire ? », donc qui détient le pouvoir sur le personnel, du recrutement au licenciement.

C'est aussi pour cette raison que beaucoup de femmes dirigeantes se tuent à la tâche avec dévouement dans ces organisations qui, officiellement, ne s'intéressent pas à la hiérarchie. Elles cherchent à améliorer encore leurs performances (tôt ou tard, le collègue récalcitrant finira bien par se rendre compte que c'est bien mieux ainsi...). Mais elles sont contrariées, voire désemparées, lorsque leur adversaire à la pensée verticale ne cède pas face à de meilleurs arguments, mais poursuit ses ennuyeux jeux de pouvoir. L'analyse dont on a un besoin urgent pour le projet n'arrive pas, même après plusieurs demandes, ni même après avoir évoqué l'intérêt de tous. Pourquoi ? Pour la bonne raison que le collègue A veut montrer au collègue B qu'il est plus important que lui.

Il peut alors se révéler utile – ce que les femmes compétentes considèrent souvent comme vexant – de s'assurer du soutien officiel d'un supérieur et de l'exprimer explicitement lors du conflit (« J'en ai parlé hier avec le DG et nous sommes tous les deux d'avis que… »). Les manifestations répétées de solidarité, qui peuvent aller jusqu'à la protection du N+1 par le N+2, sont aussi très significatives. Cela permet aux personnes concernées, qu'elles soient femmes ou hommes, d'emprunter un poids hiérarchique.

Cette différence de comportement dans la matrice entre communicants verticaux et communicants horizontaux présente également l'inconvénient pour les dirigeantes qu'elles perdent souvent de vue – pour une simple question d'orientation – le fonctionnement de la carrière. En effet, lorsqu'un style vertical domine secrètement dans les étages supérieurs de la direction, on n'y prend pas au sérieux le potentiel de direction des spécialistes qui sont hiérarchiquement inférieurs. Dans cet univers de communication verticale, il est parfaitement naturel de se féliciter de ses propres performances (ce que les adeptes de la communication horizontale trouvent extrêmement gênant). Celui qui a tendance à dénigrer ses propres résultats ne tombera généralement pas sur des dirigeants prêts à mener un fastidieux travail d'enquête pour déceler les performances de ces dirigeantes et leur rendre hommage.

Il aura bien plus de chances d'y rencontrer des personnes qui communiquent verticalement et qui ne voient pas ce comportement d'*understatement* comme une demande pressante pour le corriger et féliciter les performances, même si elles n'auront intentionnellement pas été mises en avant par leur instigateur. Au contraire, ces dirigeants perçoivent les messages univoques, sans sous-textes, selon le mot d'ordre : « Je voulais la féliciter, mais elle dénigre ses propres performances – elle ne devait donc pas être si bonne que ça. » Cocher la case, continuer, ne plus gaspiller sa salive à ce sujet.

Il est une autre source de tension qui peut se faire sentir dans les organisations matricielles. Son premier symptôme se manifeste par la sous-estimation des compromis politiques consentis par les dirigeantes féminines. Parfois déjà avec les collègues, parfois aussi en relation avec les supérieurs, ce ne sont pas vraiment les questions spécifiques évidentes qui sont pertinentes. Il s'agit d'une organisation qui dépasse largement les relations personnelles actives. Mais, dans toutes les organisations, que ce soit des partis politiques, des congrégations religieuses, des universités, des entreprises, des administrations ou autres, les clarifications d'ordre politique sont obligatoirement à l'ordre du jour. Et notamment parmi les personnes qui communiquent verticalement et qui se trouvent à des postes clés.

Une scientifique, l'une des rares femmes de son service de recherche et développement, se heurtait en permanence à l'obstruction et aux actions de sabotage de la part de ses collègues, et s'efforçait de résoudre ces conflits par de patientes discussions dans le but de détendre les relations, par exemple : « Qu'avez-vous donc contre moi ? Je ne vous ai pourtant rien fait. » Cela ne changea absolument rien à la situation. Cette dernière se mit seulement à évoluer lorsque, sur les conseils d'un coach externe, elle creusa la question des intérêts personnels de son adversaire. Ses investigations révélèrent que l'un de ses puissants adversaires était très intéressé par l'un de ses puissants instruments de mesure. Un jour, elle se rendit dans son bureau et lui proposa un marché sans fioritures : « Vous me soutenez pour l'obtention de trois mi-temps – et je vous laisse utiliser mon installation pendant deux heures par semaine. » Le collègue, qu'elle soupçonnait de lui manifester une profonde antipathie, la regarda et répondit aussitôt : « Quatre heures. » « Trois », répliqua-t-elle. Le collègue se leva, tendit la main vers elle au-dessus du bureau et déclara d'une voix forte et amicale : « Marché conclu ! » Voilà l'affaire réglée.

C'est ce type de commerce politique qui se pose régulièrement dans un système vertical, même là où tout le monde a officiellement les mêmes droits. Des dirigeantes sont souvent très surprises que cela puisse jouer un rôle. La partenaire d'un cabinet d'avocats renommé s'énerva au cours de l'un des séminaires à propos du fait que, pendant les réunions, elle avait l'impression que personne ne prenait la discussion au sérieux à part elle. Apparemment, affirmait-elle, tout semblait avoir été réglé par avance. Lorsque je lui demandai pourquoi elle ne prenait pas part aux compromis qui avaient lieu en marge des réunions, elle resta sans voix. Elle ne l'avait jamais envisagé.

# — CHAPITRE 11 —

# LES ALÉAS DU BANC DE TOUCHE

## OU : À QUOI MÈNE LA POSSESSION DU BALLON

## LE VILAIN MOT

J'ai longtemps animé des ateliers dans des lycées à propos du potentiel professionnel d'élèves qui, à l'issue d'une longue série de tests et de stages, étaient conseillés sur leurs aptitudes professionnelles. Cela engendrait régulièrement de l'irritation chez certains élèves et leurs parents. Cela pouvait notamment être le cas lorsqu'un résultat annonçait qu'une fille présentait des aptitudes pour le management ou des qualités de dirigeante. Chez les lycéens, ces résultats n'entraînaient typiquement jamais d'interrogations incrédules.

Lors des discussions concernant ces résultats, il arrivait régulièrement que ces conseils d'orientation viennent écorner l'image que la jeune fille avait d'elle-même ou que les autres avaient de l'élève. Cela n'était jamais pris en compte dans les réflexions sur l'orientation professionnelle. Un travail dans le social aurait été parfaitement envisageable ou une profession en lien avec la recherche ou « avec les gens » en général. Mais un poste de direction ? Dans le management ? Cela évoquait des intérêts matériels, le pouvoir, l'absence de scrupules, l'oppression. Même lorsque je travaillais avec des étudiantes, je constatais que toutes les notions en lien avec des fonctions de direction étaient très vite dévalorisées. Un jour, quelqu'un avait instauré des interdits de penser qui perdurent aujourd'hui.

La psychologue et consultante Christine Bauer-Jelinek évoque à juste titre les conséquences ambivalentes des louanges émises sans discernement par de nombreuses entreprises à propos des *softs skills* des femmes dans le domaine du management : « Cela concerne notamment des aptitudes comme la capacité d'écoute, le travail en équipe, la coopération, la transparence ou l'authenticité. Toujours est-il que les capacités à s'imposer, les facultés de réflexion et de comportement tactiques et stratégiques [...] sont à peine mentionnées comme des qualifications tout aussi utiles, même si ces aspects deviennent de plus en plus indissociables et décisifs pour la réussite. » Ces capacités sont aussi des *soft skills*, même si elles ne reposent pas sur des solutions harmonieuses et consensuelles. C'est pourquoi, dans un contexte professionnel, les femmes ne doivent pas avoir peur d'affronter courageusement deux notions qui ont énormément de poids dans la vie professionnelle, même si elles les sous-estiment : l'agression et le pouvoir.

## AGRESSION

Les connotations négatives du terme « agression » ne rendent pas justice à son origine : *aggressio* provient du verbe latin *aggredi*, qui signifie « avancer ». Le sens d'« attaque » n'est sans doute arrivé que bien plus tardivement. À l'origine, *aggredi* signifiait simplement « réduire la distance, se rapprocher de quelqu'un ou de quelque chose ». La raison pour laquelle ce mouvement neutre a pu être compris comme un acte relativement désagréable apparaît clairement dans un exemple simple. Placez une personne à une distance de dix mètres de vous environ, au milieu de la pièce. Ensuite, regardez-la fixement et avancez vers elle à pas réguliers et décidés. Au plus tard lorsque vous aurez quasiment le nez sur elle, la personne aura généralement le réflexe de faire un pas en arrière. Ce rapprochement empiète sur la distance de sécurité de l'autre, ce qui est ressenti comme une agression.

En ce sens, l'agression est tout d'abord ressentie comme un processus territorial permettant d'identifier les distances appropriées, qui peuvent varier selon les individus. C'est pourquoi l'agression n'est ni directement ni obligatoirement synonyme de violence, mais c'est d'abord un phénomène ordinaire, presque neutre. Comme exemples d'agressions positives, on pourrait citer des jeux de rapprochement ou d'éloignement dans un contexte érotique. Comme exemples d'agressions négatives, on peut noter les attitudes de menace et d'intimidation. L'agressivité de manière générale appartient évidemment au quotidien de tout un chacun, et c'est pourquoi il vaut mieux essayer de la comprendre au lieu de la condamner en bloc. Elle peut dégénérer en violence, mais aussi susciter de grandes prouesses créatrices.

## POUVOIR

*Le* mot tabou pour les personnes qui communiquent horizontalement. C'est le vilain mot qu'elles n'utilisent pas volontiers, et encore moins dans l'entreprise. Évidemment, le « pouvoir » peut aussi se comprendre comme a) étant fondamentalement blâmable et b) relevant exclusivement des hommes pour, enfin, c) en arriver à percevoir sa propre impuissance comme une position moralement meilleure. Ainsi, on pourra avoir l'impression d'être constamment du bon côté présumé et passer au peigne fin l'univers professionnel en quête d'espaces dans lesquels quelque chose d'aussi « désagréable » que le pouvoir ne joue aucun rôle. Toutefois, je ne sais pas où de tels espaces pourraient se trouver.

Ils ne sont ni dans les entreprises gérées par deux personnes, ni dans les groupes employant dix mille salariés, ni dans les entreprises technologiques orientées sur le profit, ni non plus dans les services publics ou religieux.

J'ai davantage l'impression que les gens qui se comportent horizontalement sont pressés de dévaloriser tout ce qui est en lien avec le « pouvoir » dans le contexte professionnel parce qu'ils perçoivent très précisément dans leur quotidien tout ce qui relève de l'abus de pouvoir : les collaborateurs sont humiliés, les collègues sont traités brutalement, les fournisseurs subissent des chantages, les clients sont escroqués, etc. On ne veut pas se retrouver associé à ces traitements douteux, et l'idée que l'on puisse soi-même occuper une telle position de pouvoir nous répugne. Toutefois, je considère que c'est une étrange erreur de raisonnement que de définir un phénomène en se basant sur son emploi abusif.

En réalité, le « pouvoir » est en premier lieu un phénomène social ordinaire. Une mère adulte exerce évidemment du pouvoir sur son enfant – lorsqu'elle use de cette position au détriment de ce dernier, on parle à juste titre d'« abus de pouvoir ». À partir de cette configuration, on peut aussi identifier un usage du pouvoir qui, au contraire, est légitime, judicieux, exigeant et protecteur. Celui qui a du pouvoir peut aussi « habiliter » d'autres personnes. Je dirais même : seul celui qui détient le pouvoir peut autoriser les autres à y prendre part ; celui qui n'en possède pas ne peut le transmettre à personne. Seule la détention du pouvoir (= *power*) permet l'*empowerment* d'autrui.

Au départ, le « pouvoir » signifie seulement que l'on a le « pouvoir », la capacité de faire quelque chose, comme l'affirme Bauer-Jelinek : « s'approprier les compétences du pouvoir est un acte émancipateur » ; ou encore Michel Foucault : « Le pouvoir n'est pas le mal. »

Le fait que le pouvoir soit appliqué en soi ne dit rien sur son caractère. Tout dépend de la façon dont il est appliqué et avec quelle intention. De ce point de vue, le pouvoir en soi est neutre, mais il peut être ambivalent. Ou, en reprenant les mots de Foucault : « Les relations de pouvoir [...] ne reconstituent pas au-dessus de la “société” une structure supplémentaire et dont on pourrait peut-être rêver l’effacement radical. Vivre en société, c’est, de toute façon, vivre de manière qu’il soit possible d’agir sur l’action les uns des autres. Une société “sans relation de pouvoir” ne peut être qu’une abstraction. » Et une entreprise sans relation de pouvoir serait aussi abstraite – simplement parce que ce sont aussi des gens qui agissent. Des gens avec un bagage linguistique horizontal qui, par conséquent, se tiennent à distance d’une position de pouvoir parce que, moralement, ça leur paraît dévalorisant, ne devraient donc pas se lamenter lorsque la personne qui endosse ce rôle a des critères moraux inférieurs aux leurs. Le pouvoir devient uniquement problématique en l’absence d’instance de contrôle et de surveillance. Cela peut être sa propre introspection régulière, des contrôles institutionnalisés dans le cadre de l’organisation de l’entreprise ou un feed-back périodique depuis l’extérieur. Le pouvoir exercé personnellement est, de par son caractère, en règle générale, rapidement transparent. En revanche, il est souvent plus difficile de voir clair dans un pouvoir exercé impersonnellement, par la structure d’une organisation par exemple.

## EN POSSESSION DU BALLON

Sur le banc des remplaçants, chaque samedi, les sentiments sont partagés. Certains veulent absolument entrer sur le terrain. Tandis qu’à d’autres, cela convient tout à fait de rester de simples spectateurs qui ne mettent jamais les pieds sur la pelouse. Sur le banc des remplaçants, on peut se permettre tous les commentaires. On peut y donner des conseils (que personne n’entend). On a une meilleure vue d’ensemble que les joueurs, ce qui permet de voir certains développements bien avant les autres. On peut pester sur le jeu. On peut se moquer de l’entraîneur. On peut trouver les règles du jeu relativement limitées (« Vingt-deux personnes qui courent après un ballon ? C'est débile ! »). Le banc des remplaçants présente un certain confort.

### Terrain et banc des remplaçants

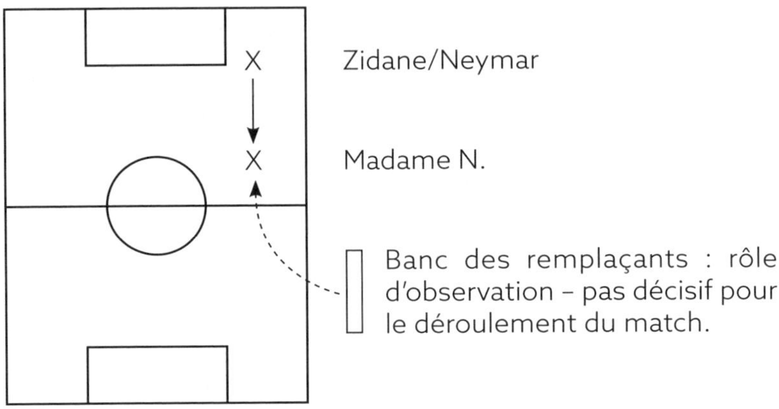


Sur le terrain :
Renoncement au rôle d'observation - prise de position active - l'intensité de la réaction des joueurs équivaut à la pertinence de son propre rôle.

Celui qui se retrouve sur le terrain doit compter sur le fait qu'il y sera réellement pris au sérieux. Quand j'entre sur le terrain et que j'ai peut-être même le ballon, alors un joueur comme Zidane ou Neymar me tombera vite dessus si je doute. Tant que je suis assis sur le banc des remplaçants, ce joueur ne s'intéresse pas à moi. Je n'y suis pas pertinent. Alors que, maintenant, je suis devenu un facteur de ce match qu'il apprécie au point de m'affronter pour me prendre le ballon, sans aucun égard. Son agressivité envers moi est le signe qu'il me prend au sérieux. Je ne peux donc plus me rabattre sur le rôle de l'observateur politiquement correct assis sur le banc des remplaçants. Il ne peut être question d'un consensus avec Zidane. Ici, sur le terrain, on s'affronte de façon juste, néanmoins avec force, pour prendre possession du ballon.

Si je ne le veux pas, je suis effectivement davantage à ma place sur le banc des remplaçants. Ce n'est pas une mauvaise place. Je dois simplement être lucide sur le fait que je veux effectivement y être ou pas. La question du pouvoir peut aussi être envisagée en ces termes…

## LE PORT DU MASQUE À OXYGÈNE

Malheureusement, les jeux de pouvoir ont tout de même lieu dans les entreprises et les organisations, même si les adeptes de la communication horizontale les trouvent limités et ne veulent pas y prendre part. Se soustraire à ces jeux de pouvoir n'est regrettablement pas non plus sans conséquence pour soi. Mais lorsque vous vous y mettez activement, vous devez aussi savoir comment bien vous y prendre avec vos propres ressources.

L'une des méthodes de test que j'aime plus particulièrement consiste à analyser la motivation interne des clients. C'est un procédé qui provient de l'analyse transactionnelle. Ce test permet d'identifier les impératifs internes les plus marqués chez le participant. Chez un nombre étonnant de femmes, le « motivateur » est : « Rendez service aux autres ! » Cette injonction a bien évidemment un côté très productif. Dans de nombreuses professions, la sensibilité aux besoins d'autrui est une compétence extrêmement importante. Malheureusement, cette motivation peut aussi aboutir à des choses très sombres et destructrices. En effet, si, du matin au soir, je me préoccupe seulement de répondre aux besoins de mon entourage, alors j'en arriverai vite à oublier les besoins d'une personne : les miens. D'après les travaux de recherche menés par Deborah Tannen, il n'est pas étonnant que ce motivateur soit aussi fort chez de nombreuses femmes. C'est justement celui qui correspond à une communication horizontale dans laquelle tout le monde peut sauver la face. Et c'est aussi celui qui rend la vie particulièrement difficile aux femmes qui occupent des postes à responsabilités.

Que fait une femme médecin qui doit régulièrement diriger les grandes réunions d'un service médical alors qu'elle a pour principale motivation de rendre service aux autres ?

Elle est venue me consulter parce qu'elle trouve ces réunions très éprouvantes nerveusement. Elle a constamment le sentiment que tous les participants obtiennent ce qu'ils veulent, mais qu'elle, en tant que cheffe, n'a atteint aucun de ses objectifs. Ce scénario interne peut aussi être décrit comme un besoin, voire une quête d'harmonie. En arrière-plan résident deux erreurs d'appréciation : *primo*, je dois être aimée de tous et, *secundo*, cet amour m'est refusé quand je réclame quelque chose qui ne concerne que moi.

Je ne vais ni tenter de faire le travail qui incombe au psychologue ni rechercher les motivations biographiques de mes clients. Ce qui m'intéresse ici est de répondre à la question suivante : comment une personne éprouvant un besoin si fort de « rendre service aux autres » peut-elle occuper une position de pouvoir dans sa vie professionnelle ? En effet, ce n'est pas gagné d'avance en partant d'une telle position de départ.

Si cela devait réussir malgré un motivateur aussi fort, alors cela dépend énormément du fait que je puisse ou non prendre suffisamment soin de moi. J'ai besoin d'un contrepoids à ce comportement désintéressé. Jésus de Nazareth a attiré l'attention sur l'importance de ce facteur d'équilibrage. Qui ne se souvient pas de son message d'amour : « Tu aimeras ton prochain ! » Fin de l'injonction.

Pourtant, dans la citation originale, la phrase ne s'arrête pas là ! En effet, Jésus nous enjoint non seulement d'aimer notre prochain, mais de le faire « comme nous-mêmes » (Matthieu 22, 39). Cette deuxième partie est souvent coupée, même par les croyants. Toutefois, c'est ce complément important qui rend l'idée vivable. Cela induit *a contrario* un avertissement : celui qui ne commence pas par s'aimer lui-même ne devrait pas se préoccuper d'aimer son prochain. C'est pourquoi la mise en pratique de ce « comme toi-même » est déterminante pour les femmes dans l'exercice de leur pouvoir.

La femme médecin devait se remémorer l'injonction suivante avant chaque réunion – elle écrivit même la phrase sur un bout de papier : « Seulement moi, pas les autres ! » Il faut apprendre à adopter une telle attitude lorsque l'on a ce motivateur d'harmonie. Mais ça fonctionne ! Rassurez-vous : les femmes chez qui cette prédisposition est particulièrement marquée ne parviennent généralement jamais à devenir égocentriques. C'est ce qu'elles redoutent souvent dès qu'elles entendent qu'elles doivent davantage prêter attention à leurs besoins. D'autres personnes peuvent avoir tendance à être égocentriques, mais elles jamais.

L'informaticien Randy Pausch, aujourd'hui décédé, connaissait bien cette impérieuse motivation à aider les autres. C'est sur cet impératif que se fonde l'un des meilleurs conseils qu'il reçut de sa vie de la part des hôtesses de l'air : « Posez le masque sur votre visage avant de porter secours aux personnes à côté de vous ! » Cela en dit long sur le destin de celui qui porte immédiatement assistance aux autres avant de se préoccuper de sa propre alimentation en oxygène : ces personnes ont de grandes chances de ne pas survivre à leur altruisme. L'injonction de l'hôtesse de l'air peut aussi être comprise comme un conseil adressé aux personnes en quête d'harmonie qui sont devenues chefs ou qui vont le devenir. Mais comment met-on son masque à oxygène ?

Lors de ma quête d'exemples de bonnes pratiques auprès des gens qui exercent du pouvoir (de gré ou de force), sans avoir vendu leur âme pour autant, je suis tombé sur un vieux texte qui me touche toujours et que j'ai conseillé à de nombreuses clientes dans cette situation. C'est un texte qui date du Moyen Âge.

Vers 1150, Bernard de Clairvaux écrivit une longue lettre à son élève, le pape Eugène III, dont il était le maître à penser. Malgré la distance qui les séparait, Bernard réalisa qu'Eugène était écrasé par le poids des exigences de management de la fonction papale. Chacun attendait quelque chose de lui dans son rôle de dirigeant, et il leur donnait à tous satisfaction. Mais que lui restait-il ? C'est pourquoi Bernard de Clairvaux écrivit à Eugène III en toute amitié :

« Comment peux-tu être vraiment présent pour les autres si tu t'es perdu toi-même ? [...] Commence à te découvrir, pour que tu ne t'oublies pas en allant vers les autres. À quoi te sert-il de gagner le monde entier si tu t'y perds ? Comment peux-tu être pleinement humain, si tu t'es perdu ? Toi aussi, tu es un être humain. [...] Si toutes et tous ont le droit d'avoir une part de toi, sois alors aussi un homme qui a le droit de t'avoir. Pourquoi serais-tu le seul qui n'ait rien de toi-même ? Combien de temps encore offriras-tu ton attention à tous, sauf à toi-même ? Tu te sens proche des sages et des fous, et tu ne reconnais pas ce devoir d'être proche de toi-même. Tout le monde puise dans ton cœur comme si tu étais une fontaine publique et, toi, tu restes assoiffé à côté ! [...] Oui, celui qui est mal avec lui-même, avec qui peut-il être bon ?

Je ne dis pas : fais-le toujours, mais je dis : fais-le de temps à autre ; sois comme pour tous les autres : présent pour toi aussi. »

Le moine du Moyen Âge n'est pas aussi éloigné de nous que nous pourrions le croire. « Tout le monde puise dans ton cœur comme si tu étais une fontaine publique » – c'est exactement ce que ressentent beaucoup de personnes qui communiquent horizontalement et qui occupent un poste de dirigeant. L'enseignante, la gérante, la cheffe d'équipe, l'éducatrice, l'entrepreneuse, la mère : toutes connaissent ce sentiment. C'est bien joli d'être utilisé. Mais c'est terrible de tant donner qu'il ne reste rien pour soi. C'est ce que l'on appelle un burn out.

Il est primordial que, malgré les pressions, malgré les jeux de rivalité, malgré les contraintes matérielles, ces personnes ne se négligent pas et soient présentes pour elles aussi. Le client important : c'est toi-même. Le supérieur important : c'est toi-même. L'instance décisive pour ta carrière : c'est toi-même. Et quand le Moi n'est plus nourri, cela ne me sert plus à rien de parler d'avenir professionnel et de stratégie d'arrogance.

John Franklin, l'explorateur qui découvrit le passage du Nord-Ouest, un homme qui avait du mal à exercer des fonctions de dirigeant, s'était écrit une note à lui-même : « Je suis le commandant et je ne laisse personne en douter, et surtout pas moi-même. [...] Je suis mon propre ami. Je prends au sérieux ce que je pense et ressens. Le temps dont j'ai besoin à cette fin n'est jamais gaspillé. » S'il a pu devenir le commandant que le monde entier connaît, c'est surtout parce qu'il a pu devenir cet ami pour lui-même.

## AIR RARÉFIÉ ET PIÈTRE RÉPUTATION

Mais que se passera-t-il lorsque j'aurai réussi à m'imposer ? Lorsque j'aurai si bien joué à ce jeu que je serai effectivement promue et que je serai devenue cheffe des gens verticaux avec qui je suis montée sur le ring pendant des années ? Lorsque j'aurai consciemment et sciemment utilisé ces symboles de pouvoir, que j'aurai émis les signes territoriaux requis, que je serai devenue experte dans le maniement de la langue du pouvoir, que je saurai recourir au bon moment à l'arrogance... bref – que je serai devenue une dirigeante influente ?

À ce moment-là aussi, je ne serai pas aimée de tout le monde. D'ailleurs, ce n'est pas un fardeau réservé aux femmes. Les hommes dirigeants vivent la même chose – et tous ne surmontent pas cette situation. Celui qui occupe des fonctions de direction se sent isolé. En effet, on ne peut jamais être sûr d'être invité en tant que personne ou « simplement » parce que l'on est une personne influente dont on entend tirer profit. Il est rare que l'on connaisse exactement les intentions de ses collègues. Me montrent-ils d'authentiques marques de sympathie ? Ou leur solidarité n'est-elle que passagère et purement tactique ? Mes collaborateurs peuvent-ils comprendre pour quelles raisons je me comporte de telle ou telle façon ? Est-ce par vanité ou à cause de l'image extérieure de votre fonction ? Une conseillère expérimentée a eu cette remarque à l'attention des femmes actives : « Il convient de ne pas succomber à la tentation de vouloir ériger partout, inconsciemment et par habitude, des structures de type familial avec les règles du jeu correspondantes. » J'ajouterais qu'il ne faudrait pas même tenter la comparaison : la vie quotidienne chez soi, auprès de sa propre famille ou de sa famille d'origine, est rarement transposable à l'identique. Il vaut donc mieux aussi respecter les différences dans la vie professionnelle, qui sont parfaitement dans l'ordre des choses. La solitude peut être particulièrement pesante lorsque l'on occupe un poste de direction et que l'on est contraint de prendre des décisions impopulaires qui, dans le meilleur des cas, conduisent à des malentendus au sein de l'entreprise, ou, au pire des cas, au rejet et à l'hostilité pure et simple. Cela ne sert alors à rien d'avoir de bonnes intentions et de vouloir le communiquer de façon intelligible par tous. En cas de doute, on n'aimerait de toute façon plus cette personne. Certaines mesures prises par des femmes à des postes de décision peuvent avoir pour conséquence qu'elles acquièrent une réputation qu'elles considèrent comme inacceptable. Monique qui a dû défendre sa place de parking ; Dorothée qui a dû remettre le contremaître à sa place ; Mireille qui a su s'imposer face à ses collègues – toutes ces femmes ont très certainement été critiquées derrière leur dos. C'était précisément ces injures que craignaient beaucoup de femmes lorsqu'elles se doutaient qu'elles auraient à se comporter comme Monique, Dorothée ou Mireille.

Toutefois, les conflits décrits se déroulent dans un contexte professionnel et pas dans le cadre de relations de couples ou d'une dispute d'amoureux. Les invectives que les hommes pourraient adresser à une femme qui s'est imposée après une dispute pourraient aussi avoir été adressées à leurs semblables. Et souvent, il est difficile d'ignorer que ces mots sont teintés d'admiration et de respect. Voilà une femme qui a réussi : « Quelle connasse ! Mais je ne vais pas m'en prendre à elle… » Les gens verticaux contestent rarement ce genre de description préjudiciable. Au contraire, ils préfèrent les arborer comme des décorations sur leur poitrine. J'ai rencontré bon nombre de dirigeants qui laissaient eux-mêmes filtrer avec humour et intentionnellement ces titres de noblesse minables au fil de la conversation, de préférence en présence de collègues ou de partenaires dont ils viennent de faire la connaissance. C'est tout juste s'ils n'utilisent pas ces titres à la façon d'une carte de visite : « J'ai la réputation auprès de mes collègues d'être un dur à cuire » – cela donne aussi l'occasion de dévoiler des aspects de la personnalité qui sont moins évidents pour tempérer la dureté des propos (« mais j'écris aussi des poèmes »). Malgré tout, l'adversaire a parfaitement reçu le message d'un potentiel inexploité.

Quel que soit leur bagage communicatif, pour de nombreux collègues, les dirigeants font office d'écran de projection sur lequel s'affichent des informations qui ne sont pas toujours pertinentes. Cela fait partie d'un système de groupe dans lequel on a besoin de quelqu'un dans le dos duquel on peut médire pour que « l'hygiène du groupe » soit préservée. Et cela n'arrive certainement pas qu'aux femmes. La réputation qu'acquiert une femme au sein d'une institution ou d'une entreprise qui applique le pouvoir que lui confère sa fonction peut être ambivalente. Mais ce n'est que le prix que doivent aussi payer ceux qui communiquent horizontalement dans l'exercice du pouvoir. Que me répondit l'une des rares femmes qui assainissent efficacement des entreprises lorsque j'évoquais la réputation ambivalente que son travail lui valait ? « Je creuse une nouvelle encoche dans mon colt et je poursuis mon chemin. »

C'est aussi ce que l'on peut faire.

## — CHAPITRE 12 —

# LE BUREAU À LA MAISON COMME ARÈNE

### OU : POURQUOI LA DÉLIVRANCE ÉLECTRONIQUE N'ARRIVE-T-ELLE PAS

## DÉMÉNAGEMENTS VIRTUELS

Avant début 2020, le travail à la maison et les visioconférences étaient déjà des pratiques courantes dans les entreprises qui avaient des sites très éloignés géographiquement. Mais depuis la crise sanitaire, le déménagement depuis les locaux professionnels habituels vers des espaces réels en fond d'écran est devenu un phénomène de masse.

Dès le début, ce processus s'est accompagné de commentaires pleins d'espoir de gens qui y voyaient la transition espérée depuis longtemps vers le tout-numérique. Pourtant, plusieurs mois de confinement, avec toutes les conséquences que l'on sait, ont abouti à un certain désenchantement. Une fois que le charme de la nouveauté s'est dissipé, le côté pénible des longues heures de travail devant l'écran est devenu beaucoup plus marqué.

Néanmoins, il est à prévoir que de nouveaux éléments de cette communication numérique perdureront. Comme me le confia en s'extasiant le contrôleur de gestion d'une grande entreprise entre deux visioconférences, des frais considérables avaient été économisés en coûts de déplacement pendant le confinement.

Une cliente me demanda pleine d'espoir si les choses n'étaient pas devenues plus faciles pour les personnes qui communiquent horizontalement ? En effet, les amoureux de la communication verticale n'avaient plus de territoire à conquérir par leurs actions. Il paraît difficile de déployer un move talk pour un communicant vertical qui dispose exactement du même écran que le communicant horizontal ? Cela pourrait même renforcer les chances de celui qui s'intéresse plus au contenu ! L'écran ne se charge-t-il pas lui-même de rendre justice ?

La petite scène suivante devrait répondre à toutes ces questions : les collègues Sylvain et Hélène sont en réunion sur Zoom depuis leur bureau à la maison. Ils discutent des caractéristiques techniques d'une petite pièce métallique. Ils ont examiné un plan de construction et sont en train de comparer différentes possibilités – lorsque soudain Sylvain n'est plus visible à l'écran. Il semble être occupé ailleurs, mais il n'en a pas informé Hélène. Sa collègue n'entend plus qu'une voix lointaine et ne voit qu'un fauteuil vide. Peu après, Sylvain revient, sans donner un mot d'explication sur son absence. Hélène voit seulement que Sylvain a une tasse de café près de lui. Même si Hélène a le sentiment d'être un peu bête, la réunion continue. Jusqu'à ce que son collègue disparaisse à nouveau et que la même scène se répète, mais cette fois, pour des raisons très différentes. Il réapparaît cinq minutes plus tard. Que se passe-t-il ?

Une petite action territoriale. Sylvain a communiqué un message en sortant tout bonnement de l'image. Cela a pu sembler être une simple étourderie (mais ce n'est qu'une supposition !). Si cela se produit à plusieurs reprises au cours d'une réunion, il est peu probable que ce soit fortuit. Hélène doit alors tenter de comprendre ce que Sylvain veut exprimer par son comportement territorial. À savoir : n'importe quelle chose est plus importante que toi.

Pourquoi les deux grands systèmes de communication auraient-ils disparu devant l'écran ? Le comportement de Sylvain est un symptôme clair qu'Hélène ne peut pas laisser passer sans qu'il soit sanctionné. On pourrait aussi dire que la collègue ne joue pas encore de façon adéquate à ce petit jeu. La vieille rengaine vaut toujours devant l'écran : je ne peux pas m'attendre à ce que mon collègue ait une grande capacité d'écoute simplement parce qu'une réunion commence de façon formelle. Je dois d'abord l'établir. Dans un premier temps, nous ne nous attarderons pas sur les motivations de Sylvain. (Est-ce parce qu'Hélène est plus compétente et que Sylvain veut rétablir l'équilibre de cette façon ? Trouve-t-il qu'Hélène est trop ambitieuse ? La punit-il parce que le chef la préfère ? Cela n'a pas d'importance.) Examinons plutôt ce qu'Hélène peut faire dans cette situation. En effet, elle doit faire quelque chose, car ces actions ne doivent pas rester sans conséquence.

Première possibilité : Hélène se comporte de la même façon que Sylvain. Elle disparaît aussi de temps en temps et réapparaît brusquement tandis qu'il continue à parler en arrière-plan. Un sentiment de malaise diffus se propagera alors pendant la réunion, voire une certaine irritation. Dans le meilleur des cas, Sylvain finira par en être à son tour irrité et lui reprochera son comportement : « Tu es toujours partie. On ne peut pas continuer comme ça. » Ce serait le meilleur des cas, car ils pourraient tous les deux s'entendre sur quelques règles du jeu. Toutefois, cela peut durer un certain temps qui peut paraître trop long.

Nous en arrivons donc à la deuxième possibilité : Hélène s'attend dès le départ à ce que la communication ne se passe pas seulement sur le plan verbal et sur le fond. Lorsque Sylvain revient pour la deuxième fois, sa collègue applique une règle provenant du théâtre d'improvisation : on a le droit d'énoncer des évidences. Quand il se rassoit à son bureau, Hélène dit : « Cela fait deux fois que tu disparais de l'écran. » Sylvain avancera probablement un prétexte quelconque auquel sa collègue répondra en répétant lentement et sans aucune originalité : « Cela fait deux fois. » Il est fort probable qu'Hélène ait maintenant toute l'attention de Sylvain. Dès qu'elle en fait le constat, elle peut proposer une règle du type : nous ne quittons l'écran qu'à condition que nous en connaissions tous les deux la raison. Ou bien : nous pouvons convenir d'une règle concernant les pauses. Ou autre. Ce procédé est nettement plus rapide que la première possibilité.

## GRAND CINÉMA

Les signes spatiaux, qui se manifestent dans les situations concrètes des réunions ou dans les discussions en tête en tête, ne disparaissent pas complètement à l'écran. Ils sont simplement miniaturisés. Le processus se déroule à une échelle réduite. La fraction de la population qui a tendance à faire de la mise en scène doit se contenter d'une scène plus petite. Toutefois, ce n'est pas une raison pour lui faire arrêter de vouloir se mettre en scène. Certes, celui qui accorde de l'importance à la hiérarchie ne pourra plus se pavaner au volant de sa petite Tesla ou impressionner avec son immense bureau. Cependant, il a mûrement réfléchi au préalable aux coulisses de l'écran, que tout le monde peut voir. Selon son secteur d'activité, on verra derrière sa tête une gigantesque machine (oui, ça arrive !), un mur de livres avec un mètre de reliures en grec ancien ou une œuvre originale d'Anish Kapoor. Tout ce que les inconditionnels du contenu trouvent superflu, mais qui peut néanmoins avoir une signification politique.

Le fait que le bureau à la maison laisse voir l'environnement privé au cours d'une visioconférence est considéré par les personnes qui accordent de l'importance à la communauté comme une invitation à créer des liens. Ils ne voient rien à redire aux photos d'enfants qui ornent les murs ou à l'ado qui joue à la console et qui est visible en arrière-plan avant que je ne tourne l'ordinateur portable. C'est humain. Oui, ça l'est et c'est sans doute ainsi que le verra mon collègue qui partage le même système de communication. Mais pour la personne qui communique verticalement, en cas de doute, cela sera interprété tout autrement : comme une perte d'influence politique. Un arrière-plan neutre serait le minimum !

Le move talk spatial d'un Trump qui utilise un langage non verbal dans le dos d'une Clinton qui argumente désespérément n'est plus possible à l'écran. Sur ce support, il sera remplacé efficacement par le rapprochement ou l'éloignement de la caméra. L'adversaire prononce des paroles qu'il aura mûrement réfléchies et qui me laissent à court d'arguments ? Alors j'avance lentement mon visage de l'œil de la caméra jusqu'à ce que ma tête remplisse tout l'écran. Quand je secoue la tête d'un air songeur, à plusieurs reprises et en gros plan, cela produit beaucoup d'effet, même si je ne prononce pas un mot. Le move talk fonctionne aussi très bien à l'écran.

En distanciel, les partisans du mode de communication vertical comprennent généralement bien avant les adeptes du mode horizontal comment transmettre un message politique par la composition de l'image. De leur point de vue, ce n'est pas parce qu'il s'agit d'un thème précis que ce qui est visible à l'écran est sans importance. Pour eux, il s'agit d'un film dans lequel ils jouent à la fois le rôle d'acteur principal et de metteur en scène.

Au-delà de l'arrière-plan de l'image, les facteurs de l'éclairage et de la tenue vestimentaire ne seront pas non plus laissés au hasard par ceux qui communiquent verticalement. Alors que pour les collègues horizontaux, ces aspects du travail à la maison ne sont pas si importants – le plus important étant que cela apporte quelque chose concrètement. Dans le cadre ordinaire de la réunion, les gens verticaux comprennent l'entrée dans la salle de réunion comme une apparition sur une scène politique. Il en va de même en distanciel. Le célèbre constat de Karl Lagerfeld (« Les pantalons de jogging sont un signe de défaite. Vous avez perdu le contrôle de votre vie, donc vous sortez en jogging. ») pourrait s'appliquer dans ce contexte comme slogan vertical se rapportant à la tenue de scène devant l'écran. Elle est moins pertinente dans une petite start-up dans laquelle tout le monde est soi-disant ami. Et quand des partisans de la hiérarchie sont présents, voire qu'ils financent l'entreprise ? À leurs yeux, dès le début de la réunion, les personnes qui portent des vêtements difformes ne sont sûrement pas en pole position.

Une fois que la visioconférence a commencé, les personnes qui aiment argumenter parviennent régulièrement, pour avoir la paix, à ignorer les comportements manifestes de leurs interlocuteurs. Par exemple, le fait qu'un chef se place régulièrement devant la caméra de façon à ce que la moitié seulement de son buste soit visible. Ou la collègue qui, tout comme elle arrivait régulièrement en retard aux réunions, se connecte constamment cinq minutes après les autres. Ou encore le collègue dont le regard se tourne alternativement ailleurs, puis vers la caméra – parce qu'il fait de toute évidence deux choses à la fois. Ou bien, le classique : alors que je dis quelque chose qui me semble important, le collègue à qui je m'adresse sort son téléphone sous mes yeux et se met à pianoter.

Qu'y a-t-il de plus théâtral ? De moins fortuit ? Ses parents ne lui ont-ils pas appris la politesse ? C'est regrettable. Dans le contexte professionnel actuel, une telle réaction relève du move talk. C'est une forme de communication verticale, un message clair, un signe manifeste face auquel on ne peut éviter de réagir, toutes proportions gardées, afin d'éviter de se retrouver dans une situation critique.

Le bureau à la maison ou le monde de la visioconférence est un biotope dans lequel les questions de pouvoir jouent le même rôle que dans l'univers réel du bureau. Certes, avec des spécificités, mais avec les mêmes vieilles connaissances. Le numérique ne délivre pas des systèmes de communication en place. Ni Skype, ni Zoom, ni Microsoft Teams, ni aucune plateforme n'en sont capables.

## LE NOMBRE DE TÊTES

Le nombre de participants à une visioconférence joue aussi un rôle décisif. Certains comportements n'ont pas la même importance selon que les participants sont au nombre de 10 ou qu'ils sont 300. Si l'un ou l'autre se met à téléphoner ou à discuter avec une autre personne présente dans la pièce lorsqu'ils sont si nombreux, ce comportement n'a pas autant d'importance et il n'est pas nécessaire d'y réagir. En revanche, si 299 des 300 participants lisent leur courrier électronique, cela deviendra une enfreinte aux règles habituellement valables dans ce type de conférences et qui doivent avoir été établies au préalable.

S'il y a moins de 10 participants, le fait que l'une des personnes regarde ostensiblement ailleurs peut indiquer clairement qu'autre chose mérite davantage son attention. Ceux qui communiquent verticalement le font volontiers pour susciter une réaction. S'ils ne reçoivent pas la réponse attendue, ils se déconnectent intérieurement ou multiplient les perturbations.

La règle déjà mentionnée concernant les évidences que l'on peut ou que l'on doit exprimer explicitement est encore plus importante en visioconférence que dans les autres types de réunions. Il s'agit d'un simple énoncé sans fioritures et surtout pas d'une interprétation, voire d'un jugement du type : « Vous ne faites pas attention à moi » ou « Je me sens mal quand vous regardez ailleurs » ou « Ce que vous faites est extrêmement mal poli ». Beaucoup trop d'émotions, de sentiments investis. Restez factuel : « Vous détournez la tête » – c'est suffisant. Ou « Vous ne regardez pas la caméra ». Et ce constat est répété jusqu'à ce que le comportement change. Vous connaissez déjà ce principe du basic talk. Lorsque c'est le responsable qui est à l'origine de la perturbation, vous devez faire précéder la remarque d'une reconnaissance de la hiérarchie afin que la critique vous soit pardonnée. « Vous êtes le directeur de service… mais on dirait que vous êtes coupé. » Énoncer des faits que toutes les personnes présentes voient de toute évidence peut sembler superflu aux personnes qui communiquent horizontalement. Mais croyez-moi : il n'en va pas de même pour celles qui communiquent verticalement et qui comprennent vos messages non verbaux comme s'ils avaient été exprimés en langage clair...

Comparé aux réunions habituelles, le tchat n'est pas vu de la même façon en visioconférence. Il peut même être très perfide.

Il a préalablement été démontré à de nombreuses reprises que le *multitasking* n'est qu'une belle idée. Concrètement, cela ne marche que très rarement. Lorsque vous dirigez une réunion en visio avec dix écrans visibles simultanément tout en répondant à une avalanche de tchats, vous vous sentez à juste titre sous pression. Cela équivaudrait à mener une réunion tout en étant constamment interrompu par des sonneries de téléphone. C'est énervant !

C'est encore plus vrai quand le tchat exprime des préoccupations quant au contenu. Vous êtes en train de présenter des documents contenant plein d'informations importantes lorsque vous vous rendez compte que les deux tiers des visages visibles ricanent. Vous faites comme si vous n'aviez rien vu. Mais ça recommence. Vous n'êtes plus à votre affaire – les gens n'arrêtent pas de faire des grimaces. Vous seriez-vous trompé quelque part ?

Bien sûr que non. En revanche, un collègue a fait une blague à propos de votre coiffure dans un tchat. Ou à propos de la salade qui est restée coincée entre vos dents. Tout le monde lit le message et réagit en conséquence.

Vous devez donc anticiper ces situations. Soit en n'autorisant pas le tchat en avançant une motivation amicale (« Sinon je ne peux me concentrer correctement »). Ou, plus élégamment, en désignant un *co-host* dont le seul rôle est de garder un œil sur le tchat en attirant votre attention sur tel ou tel sujet si nécessaire.

## LE VIDEUR VIRTUEL

Dans une réunion en présentiel, le choix de la personne qui lance l'invitation constitue déjà un message de pouvoir. Dans un environnement horizontal à forte connotation factuelle, c'est vu comme une question purement pratique (« J'ai bien trop à faire pour le moment, pourrais-tu t'en charger ? »). Pour les gens verticaux, c'est déjà une décision stratégique.

Ce n'est plus le cas dans les visioconférences. D'abord pour la raison d'ordre technique que l'hôte qui lance l'invitation dispose de privilèges électroniques. Seul l'hôte a la possibilité de couper le micro des autres ou de faire disparaître leur image – même contre la volonté des personnes concernées. Ça arrive. Ceux qui communiquent verticalement voient toujours d'un mauvais œil cette habilitation policière constamment présente en arrière-plan, même s'ils ne la critiquent pas ouvertement.

Dans une visioconférence, l'instance invitante est son propre videur virtuel. Celui qui n'a pas reçu le mot de passe ne participe pas (celui qui reçoit un code intentionnellement erroné ne participe pas non plus ; on pourra ensuite prétendre une erreur hasardeuse, mais il sera alors trop tard). Et c'est aussi l'hôte qui peut « privatiser » la réunion, officiellement pour une question de protection des données (par exemple pour empêcher le phénomène de *zoombombing*), mais le plus souvent pour exclure celui ou celle qui a la fâcheuse habitude d'arriver en retard.

Ne parlons pas de l'épée de Damoclès dont l'hôte doit amicalement évoquer l'existence pour obtenir encore plus de poids politique : celui qui garde la parole trop longtemps, celui qui ne respecte pas l'ordre du jour ou celui qui dit des bêtises se verra couper le micro…

## — CHAPITRE 13 —

# LES DIX COMMANDEMENTS DE L'ARROGANCE

## OU : SAVOIR RENVERSER LE JEU

### UN JEU EST UN JEU EST UN JEU

Il y a évidemment des jeux qui partent mal. Il y a évidemment des jeux dans lesquels des fautes sont commises du début à la fin. Cependant, il y a aussi des jeux qui se déroulent conformément aux règles et dont on peut sortir vainqueur. Il y a aussi des jeux auxquels on ne finit pas premier, mais où l'on décroche l'une des dernières places – comme les autres joueurs étaient très forts et que le jeu est très difficile, on peut néanmoins être fier de ce résultat. Un jeu est donc particulièrement réussi lorsque tous les participants se trouvent au paroxysme de leur intelligence de jeu et en connaissent parfaitement les enjeux.

Pour de nombreuses situations de conflit entre hommes et femmes dans un contexte professionnel, il serait utile qu'elles soient comprises comme un jeu. Un non verbalisé dans un contexte professionnel est beaucoup moins un non effectif que l'on ne pourrait le croire initialement. Un oui qui n'est pas verbalisé signifie souvent bien plus qu'un raisonnement logique. Dans le cas du jeu dont il a été question tout au long de ce livre, je conseille aux personnes qui communiquent horizontalement de ne pas le prendre trop au sérieux. Évidemment, il s'agit de pouvoir, d'argent, d'influence, de politique, de positions – mais beaucoup plus rarement de méchanceté calculée ou de féroce stratégie d'annihilation, contrairement aux apparences.

On peut avoir l'impression que le respect des trois niveaux de communication (move talk, basic talk et high talk) est très fastidieux dans la vie professionnelle. Mais ce n'est pas une nécessité. Les femmes déjà expertes dans le maniement du high talk ne doivent pas comprendre à tort le passage d'un niveau de langue à l'autre comme une dépréciation de ce qu'elles ont pratiqué jusque-là. Il ne s'agit ici que d'un enrichissement de ses propres capacités d'expression. Dans mon travail avec mes clientes et mes clients, je prends souvent la comparaison d'une personne assise devant un piano et qui se limiterait aux trois octaves du milieu du clavier. Elle ne fait que jouer de ces touches blanches et noires. Elle peut improviser avec elles. Les sons sont agréables à entendre. Au fil du temps, elle parvient à jouer relativement vite ces trois octaves. Elle a tellement pratiqué ces trois octaves qu'elle peut même se considérer comme la meilleure du monde. Mais espérons qu'un jour viendra où, volontairement ou de manière contrainte, elle découvrira qu'à droite de ces touches habituelles, il y a encore une octave ! Et, incroyable : il y en a aussi une autre à gauche ! Au début, les premières incursions sur ce nouveau terrain paraîtront un peu étranges, mais avec le temps, le pianiste trouvera l'expérience enrichissante. Et on ne parle même pas des grands claviers avec encore plus d'octaves…

Il en va de même pour le jeu de langage professionnel entre les systèmes : c'est un nouveau terrain, mais il est prometteur ! Dans les affaires courantes, le passage entre les différents niveaux de langage pour s'adapter à la situation deviendra de plus en plus fluide. Le changement dans la décontraction pourrait ressembler au graphique qui suit.

Passage fluide entre les différents niveaux de communication dans la vie professionnelle : move talk, basic talk, high talk.

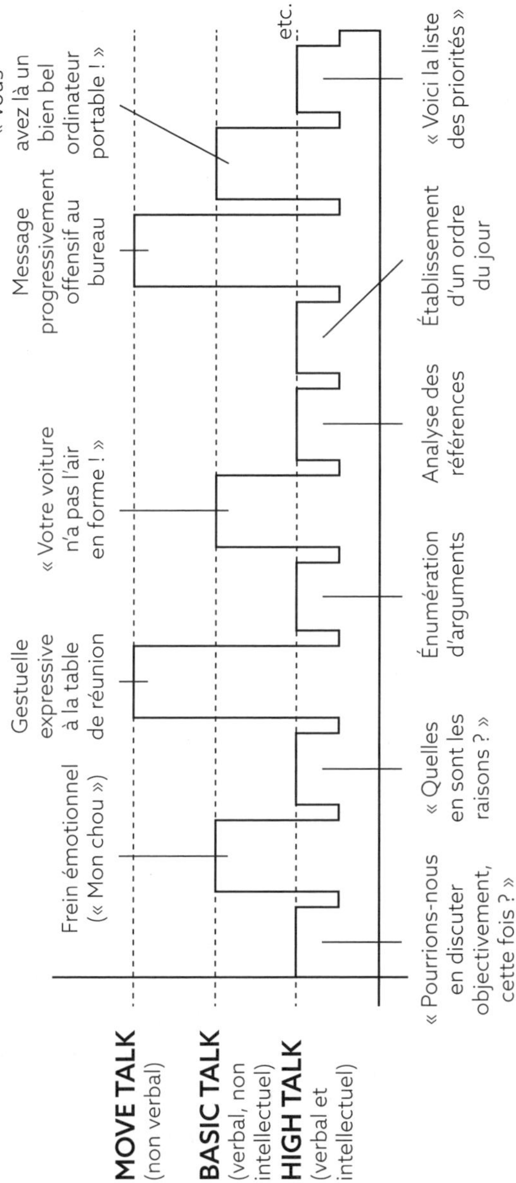

Bien évidemment, les personnes qui ont une activité professionnelle doivent maîtriser au moins deux niveaux de langage. Cela vaut plus particulièrement pour les hommes et les femmes qui veulent faire carrière ou qui exercent déjà une fonction de dirigeant. Comprendre le langage du système horizontal ou vertical est aussi important professionnellement que la maîtrise de l'anglais des affaires.

Mais quand on apprend une nouvelle langue, c'est toujours un peu fastidieux d'emporter son dictionnaire partout avec soi. Il serait parfois plus utile de maîtriser le vocabulaire important ou quelques règles essentielles. Lorsque l'on est à l'étranger, on n'emporte pas non plus tout un atlas. Quelques repères géographiques faciles à mémoriser sont plus utiles pour s'y retrouver dans le pays. Ce sont ces jalons que nous énumérons ci-dessous.

Je les appelle les « dix commandements de l'arrogance ». Voyez-y une sorte de guide d'entraînement ludique. Non pas pour rabaisser les hommes, mais pour rendre le jeu plus vivant et plus agréable. Les représentants du système vertical qui ont un niveau faible auront des sentiments ambivalents – ceux qui ont un niveau élevé auront hâte de jouer la prochaine partie.

## LES DIX COMMANDEMENTS DE L'ARROGANCE

### *Premier commandement : Tu ne dois pas tout prendre mortellement au sérieux !*

En effet, cela risque d'engendrer des malentendus dans les relations avec les personnes qui communiquent verticalement. Leurs jeux de pouvoir au sein de l'entreprise ne sont effectivement souvent que des jeux. Des jeux que tu trouves souvent un peu naïfs. Mais tu t'épargneras beaucoup de peine et de souffrance en apprenant leurs règles. Ce n'est pas parce que quelqu'un t'attaque sur un sujet particulier que c'est une raison pour déprimer. Mieux vaut prendre du recul et organiser ta défense. C'est aussi une bien meilleure gestion de ton énergie.

### *Deuxième commandement : Tu dois chercher à prendre le pouvoir !*

Si tu es suffisamment compétente pour un certain poste, alors efforce-toi de t'en emparer. N'attends pas qu'un prince daigne t'adouber à ce poste alors qu'il te revient de toute façon. N'aie pas de scrupules à faire ton autopromotion ! Cela n'a rien de honteux, car ce n'est qu'à partir du moment où tu attireras l'attention sur toi que l'on s'intéressera à toi ! Sinon, il ne se passera rien. Ne te punis pas toi-même à vouloir quelque chose pour toi-même et à exercer de l'influence. Beaucoup de gens occupent des positions de pouvoir seulement parce qu'ils ont une longue ancienneté. Il ne faut pas s'en contenter.

### *Troisième commandement : Tu dois aussi être désobligeante !*

Il ne s'agit pas de se montrer généralement impoli ! Mais de l'être au bon moment. Quand quelqu'un t'affronte déloyalement, stop à la politesse. Lorsque tu veux vraiment obtenir quelque chose, alors tu peux aussi couper la parole aux autres. Ne t'en tiens pas résolument à un enchaînement correct en apparence qui t'est par avance défavorable. Toutes les règles du jeu n'ont pas été conçues pour te protéger. Lorsque tu as une bonne raison de le faire, n'hésite pas à renverser les règles !

### *Quatrième commandement : Fais entendre ta voix !*

C'est parfois plus important que le contenu de ton discours. N'oublie pas de parler plus lentement que la normale aux personnes qui se comportent verticalement. Tu peux aussi adopter un ton incisif, parce que tu ne participes pas à un casting pour la plus belle voix ! Tu veux te faire entendre. Tu peux hausser le ton. Même si ce n'est pas agréable à entendre !

### *Cinquième commandement : Tu dois prendre ton rôle professionnel au sérieux !*

Ne laisse pas les autres te faire croire que ton rôle n'est pas important, parce que sinon personne ne t'aimera ! Oublie ces gens et défends ta position hiérarchique dans ton environnement professionnel. Habille-toi et prépare-toi en fonction de ce qui convient le mieux à ton rôle. Personne ne doit douter de tes compétences. C'est ce qu'il faut montrer !

### *Sixième commandement : Ne confonds pas les niveaux de discussion !*

Ne tombe pas dans ce piège lorsque tu es attaquée avec le sourire ! N'oublie pas d'utiliser consciemment ta posture, ton regard et tes gestes comme une arme. Ces alliés sont là pour te rendre professionnellement plus forte. Face aux communicants verticaux, cesse de t'en remettre aux paroles et aux explications.

### *Septième commandement : Tu dois défendre ton territoire !*

Apprends à déceler les revendications territoriales d'autrui dans ton environnement professionnel. Tu dois t'emparer du territoire dont tu as besoin et le défendre offensivement contre les envahisseurs. Peut-être trouveras-tu cela enfantin, mais lorsque tu auras été exclue de ton territoire, tu auras du mal à y retourner. Active-toi dès que les bureaux sont redistribués – n'attends pas de te retrouver à la cave pour agir !

Et quand tu es assis devant ton écran, utilise délibérément ton espace virtuel !

### *Huitième commandement : Tu ne dois pas croire que ceux qui communiquent verticalement ne sont que des communicants horizontaux déguisés !*

Ce n'est absolument pas le cas. Si cela te paraît plus facile, alors imagine-toi qu'ils viennent d'un autre pays et qu'ils parlent une langue étrangère. Ce sont des étrangers. Cependant, tu as les mêmes droits qu'eux ! Il leur arrive même de communiquer de façon complètement différente. Les amis ne sont pas pareils que les amies, et l'adversaire vertical est différent de l'adepte de la communication horizontale.

### *Neuvième commandement : Tu dois pouvoir changer de registre !*

De la capacité à travailler en équipe à l'aptitude à diriger. Et inversement. Ne te laisse pas abuser parce que tu es sociable et que tu as soi-disant de bonnes capacités de travail en équipe. Quand les choses tournent mal, on reconnaît tes capacités de travail en équipe – et on te refuse une promotion. Tu ne dois pas non plus te laisser interdire d'exercer du pouvoir parce que ton entourage trouve cela inconvenant.

### *Dixième commandement : Tu dois réclamer les symboles de statut !*

Lorsque les communicants verticaux qui occupent une position comparable en ont, alors n'y renonce pas : tu y as droit toi aussi. Ne te montre pas trop compréhensive envers tes collègues masculins avec leur gros salaire et leurs beaux gadgets technologiques alors que, toi, tu dois y renoncer parce que ce n'est pas nécessaire à ton travail ! Ne t'y résigne pas ! Il en va de ta tête ! Et en ce qui concerne le salaire, tout particulièrement les boulots plus stressants et plus contraignants, et pour lesquels tu es moins bien rémunérée que les hommes : bats-toi avec acharnement et n'hésite pas à frapper fort ! Finalement, cela te vaudra le respect. Surtout de la part de ceux qui communiquent verticalement.

# RÉFÉRENCES


Adorno, Theodor W., *Minima Moralia : réflexions sur la vie mutilée*, 1951.

Amoruso, Sophia, *The Girlboss Workbook: A Workbook for Your Inner Boss*, 2017 [en anglais, non traduit en français].

Andrzejewski, Laurenz, *Trennungs-Kultur: Handbuch für ein professionelles, wirtschaftliches und faires Kündigungs-Management*, Munich, 2004, 2e éd. [en allemand, non traduit].

Artz, Benjamin/Taengnoi, Sarinda, « Do Women Prefer Female Bosses? », *Labour Economics* 42, oct. 2016, 194-202 [en anglais, non traduit en français].

Austin, John, *Cubicle Warfare. 101 Office Traps and Pranks*, 2008 [en anglais, non traduit en français].

Bain & Company, *Everyday Moments of Truth: Frontline Managers are Key to Women's Career Aspirations*, Bain & Company, 2014 [en anglais, non traduit en français].

Bauer, Joachim, *Pourquoi je ressens ce que tu ressens : la communication intuitive et le mystère des neurones miroirs*, Guy Trédaniel, 2012.

Bauer, Joachim, *Das Gedächtnis des Körpers: Wie Beziehungen und Le-bensstile unsere Gene steuern*, Munich - Zürich, 2007, 8e éd. [en allemand, non traduit].

Bauer, Joachim, *Lob der Schule: Sieben Perspektiven für Schüler*, Lehrer und Eltern, Hambourg, 2007 [en allemand, non traduit].

Bauer-Jelinek, Christine, *Die geheimen Spielregeln der Macht*, Salzbourg, 2007 [en allemand, non traduit].

Bauer-Jelinek, « Frauen und die neue Grammatik der Macht. » Entretien avec C. Bauer-Jelinek, *Psychologie heute*, juin 2008, 77-81 [en allemand, non traduit].

Baumeister, Roy F., « Is There Anything Good About Men? », conférence à l'American Psychological Association 2007, Media Transcript Full Version [en allemand, non traduit].

Baurmann, Jana G., « Germany's Next Saftschubse », *Die Zeit*, 20 octobre 2016, 26 [en allemand, non traduit].

Bielicki, Jan, « Mit sich selbst, gegen sich selbst. Zum Untergang der Piratenpartei », *Süddeutsche Zeitung*, 3 mai 2017, 5 [en allemand, non traduit].

Bischoff, Sonja, *Wer führt in (die) Zukunft? Männer und Frauen in Führungspositionen der Wirtschaft in Deutschland – die 4. Studie*, Schriftenreihe der DGFPPraxisEdition, Bielefeld, 2005 [en allemand, non traduit].

Bischoff, Sonja., *Wer führt in (die) Zukunft? Männer und Frauen in Führungspositionen der Wirtschaft in Deutschland – die 5. Studie*, Schriftenreihe der DGFPPraxisEdition, Bielefeld, 2010 [en allemand, non traduit].

Boal, Augusto, *Le Théâtre de l'opprimé*, La Découverte, 1996.

Bohner, Joachim, « Auf dem Weg in die Post-Diversity-Ära », https://www.russellreynolds.com/newsroom/auf-dem-weg-in-die-post-diversity-ara-erst-ab-einem-frauenanteil-von-26-konnen-sich-fuhrungsgremien-optimal-entwickeln, 25 janvier 2016 [en allemand, non traduit].

Borchardt, Alexandra, « Stereotype und Sexismus. Was Hillary Clintons Niederlage für den Feminismus bedeutet », *Süddeutsche Zeitung*, 10 novembre 2016, 5 [en allemand, non traduit].

Borchardt, Alexandra, « "Drücken Sie sich doch ein einziges Mal klar aus." Führen durch Demütigen », *Süddeutsche Zeitung*, 20 avril 2017, 20 [en allemand, non traduit].

Bordo, Susan, *The Destruction of Hillary Clinton*, Brooklyn 2017 [en anglais, non traduit].

Breithaupt, Fritz, *Die dunklen Seiten der Empathie*, Berlin, 2017 [en allemand, non traduit].

Büchner, Stefanie, « Von wegen Revolution. Digitalisierung macht weder Hierarchien noch Abteilungen überflüssig, » *Süddeutsche Zeitung*, 10 avril 2017, 18 [en allemand, non traduit].

Chavanat, André/Ramsden, Katharine, « Mining the Metrics of Board Diversity », Thomson Reuters, juin 2013 (www.thomsonreuters.com) [en anglais, non traduit].

Clairvaux, Bernard de, *De consideratione* (*De la considération*, 1149-1152), trad. P. Dalloz, *Saint Bernard. De la considération*, Cerf, 1986.

Cross, Melissa, *The Zen of Screaming: Vocal instruction for a new breed* (DVD Melissa Cross Productions), 2005.

Curtis, Mary, *Gender Diversity and Corporate Performance*, Credit Suisse Research Institute, Zurich, 2012 [en anglais, non traduit].

Detering, Heinrich, *Was heißt hier »wir«? Zur Rhetorik der parlamentarischen Rechten*, Ditzingen 2019 (5e édition) [en allemand, non traduit].

Endres, Alexandra/Rohwetter, Marcus, « Gute Arbeit, Leute! Büros in Wohlfühlzonen », *Die Zeit*, 3 novembre 2016, 21 [en allemand, non traduit].

Eppler, Erhard, *Kavalleriepferde beim Hornsignal. Die Krise der Politik im Spiegel der Sprache*, Frankfurt a.M. 1992 (9e édition) [en allemand, non traduit].

Esslinger, Detlef, « Das moralische Bauchgefühl ». Entretien avec Elisabeth Wehling, *Süddeutsche Zeitung*, 31 décembre 2016 – 1er janvier 2017, 9 [en allemand, non traduit].

Farrelly, Frank, *La Thérapie provocatrice*, Satas, 2009.

Fisher, Roger, *Comment réussir une négociation*, Seuil, 2006.

Fengler, Jörg/Sanz, Andrea (éd.), *Ausgebrannte Teams. Burnout-Prävention und Salutogenese*, Stuttgart, 2011 [en allemand, non traduit].

Foucault, Michel, « L'éthique du souci de soi comme pratique de la liberté » (entretien, 1984), dans *Dits et écrits II*, 1976-1988, Gallimard, 2001, p. 1546.

Frears, Stephen, *The Queen* (DVD Concorde Home Entertainment).

Gersemann, Olaf, « Was die Macht mit Frauen macht », www.welt.de, 9 février 2016 [en allemand, non traduit].

Goffman, Erving, *La Mise en scène de la vie quotidienne : la présentation de soi*, Minuit, 1973.

Haaf, Meredith, « Vorwärts in die Vergangenheit. Ein Gespräch mit Mark Lilla über Donald Trump », *Süddeutsche Zeitung*, 29 novembre 2016, 13 [en allemand, non traduit].

Häusel, Hans-Georg, *Brain Script: Warum Kunden kaufen*, Planegg, 2006 [en allemand, non traduit].

Hagelüken, Alexander, « Der erleuchtete Mitarbeiter », *Süddeutsche Zeitung*, 22-23 octobre 2017, 23 [en allemand, non traduit]

Hall, Edward T., *La Dimension cachée*, Points, 2014.

Hall, Edward T., *Le Langage silencieux*, Seuil, 1984.

Hartmann, Michael, *Der Mythos von den Leistungseliten. Spit-zenkarrieren und soziale Herkunft in Wirtschaft, Politik, Justiz und Wissenschaft*, Francfort-sur-le-Main - New York, 2002 [en allemand, non traduit].

Heidemann, Rudolf, *Körpersprache im Unterricht: Ein Ratgeber für Lehrende*, 2007 [en allemand, non traduit].

Hemel, Ulrich, *Wert und Werte: Ethik für Manager – ein Leitfaden für die Praxis*, Munich - Vienne, 2005 [en allemand, non traduit].

Hewlett, Sylvia Ann *et al.*, *The Athena Factor: Reversing the Brain Drain in Science, Engineering, and Technology*, Harvard Business Review Research Report, juin 2008 [en anglais, non traduit].

Hirigoyen, Marie-France, *Le Harcèlement moral : la violence perverse au quotidien*, La Découverte, 2003.

Höfner, Eleonore, *Das wäre doch gelacht: Humor und Provokation in der Therapie*, Reinbek, 1995 [en allemand, non traduit].

Höfner, Eleonore, *Die Kunst der Ehezerrüttung*, Reinbek, 1995 [en allemand, non traduit].

Homère, *L'Iliade*.

Hupka, Stefan/Schmider, Franz, « Helmut I. Ein Ausnahmekanzler wird 90 », *Badische Zeitung*, 20 décembre 2008 [en allemand, non traduit].

Johnstone, Keith, *Impro : improvisation & théâtre*, Ipanema, 2013.

Kets de Vries, Manfred F. R., *Leaders, fous et imposteurs*, Eska, 1995.

Kistler, Petra, « Auf eine Zigarette ... mit Giovanni di Lorenzo », *Badische Zeitung*, 20 décembre 2008 [en allemand, non traduit].

Klimmer, Matthias, *Unternehmensorganisation: Eine kompakte und praxisnahe Einführung*, Rheinbreitbach, 2007 [en allemand, non traduit].

Klusmann, Steffen (éd.), *Töchter der deutschen Wirtschaft: Weiblicher Familiennachwuchs für die Chefetage*, Munich, 2008 [en allemand, non traduit].

Koschmieder, Carsten, *Partizipation in der Piratenpartei: Die Schattenseiten einer sonnigen Utopie*, Opladen - Berlin - Toronto 2016 [en allemand, non traduit].

Kratzer, Nick (éd.), *Open Space. Oder was? Wandel der Büro-arbeitswelt*, ISF München, 2017 [en allemand, non traduit]

L'amour Lalove, Patsy, *Beiss-Reflexe. Kritik an queerem Aktivismus, autoritären Sehnsüchten, Sprechverboten*, Berlin 2017 [en allemand, non traduit].

Laudenbach, Peter, *Real-Theater. Interview mit Wolfgang Engler, Rektor der Hochschule für Schauspielkunst Ernst Busch*, mars 2017, 118-121 [en allemand, non traduit].

Lazer, David *et al.*, « Using Sociometers to Quantify Social Interaction Patterns », *Scientific Reports* 4, 2014, Art. Nr. 5604 https://www.nature.com/articles/srep05604 (14 juin 2017) [en anglais, non traduit].

Leggewie, Claus/Meier, Horst, « Wir brauchen zeitgemäße Maßstäbe für die Parteienfreiheit ». Essay im Deutschlandfunk, émission du 11 septembre 2016 [en allemand, non traduit].

Lilla, Mark, *L'Esprit de réaction*, Desclée de Brouwer, 2019.

Ludwig, Kristiana, « Quote bringt bisher wenig », *Süddeutsche Zeitung*, 12 octobre 2016, 27 [en allemand, non traduit].

Macchiavelli, Niccoló, *Le Prince*.

Malcher, Ingo, « Arbeit ist Scheiße ». Entretien avec André Spicer, *Brand eins*, mars 2017, 70-73 [en allemand, non traduit].

Malik, Fredmund, *Le Management efficace : diriger, réussir, vivre*, Economica, 2008.

Matzig, Gerhard, « Raus aus der Zelle. Arbeitsbüros wandeln sich », *Süddeutsche Zeitung*, 11 novembre 2016, 23 [en allemand, non traduit].

McKinsey & Company (Baumgarten, Pascal/Desvaux, Georges/Devillard-Hoellinger, Sandrine), « Women Matter. Gender Diversity, a Corporate Performance Driver », 2007 [en anglais, non traduit].

Mitchell, Olivia, « Mehrabian and nonverbal communication », www.speakingaboutpresenting.com/presentation-myths/mehrabian-nonverbal-communication-research [en anglais, non traduit]

Modler, Peter, *Das Arroganz-Prinzip: So haben Frauen mehr Erfolg im Beruf*, Francfort-sur-le-Main, 2012.

Modler, Peter, *Das Arroganz-Prinzip: So haben Frauen mehr Erfolg im Beruf*, Audiobook, Fribourg, 2016, www.drmodler.de.

Modler, Peter, *Die Königs-Strategie: So meistern Männer berufliche Krisen*, Francfort-sur-le-Main, 2012 [en allemand, non traduit].

Modler, Peter, *Die Manipulationsfalle*, Francfort-sur-le-Main, 2014 [en allemand, non traduit].

Modler, Peter, *Die freundliche Feindin*, Munich - Berlin, 2017 [en allemand, non traduit].

Modler, Peter, « Echt ist recht – Was bedeutet “authentisch” ? », *Süddeutsche Zeitung*, 28 mars 2015, 65 [en allemand, non traduit].

Moreno, J. L., *Psychothérapie de groupe et psychodrame*, PUF, 2007.

Mosley, Walter, *L'Âme d'un héros*, Albin Michel, 2000.

Nadolny, Sten, *La Découverte de la lenteur*, Grasset, 2008.

Nagle, Angela, *Kill All Normies*, Washington 2017 [en anglais, non traduit].

Otto, Anne, « Wir waren alle ein wenig berauscht vom eigenen Mitgefühl ». Entretien avec Fritz Breithaupt, *Psychologie heute*, mars 2017, 12-15 [en allemand, non traduit].

Pausch, Randy, *Le Dernier Discours : réaliser ses rêves d'enfant*, Livre audio, 2011.

Pinker, Susan, *Le sexe fort n'est pas celui qu'on croit*, Les Arènes, 2009.

Roll, Evelyn, « Alles muss raus. Diskretion ist aus der Mode ge-kommen », *Süddeutsche Zeitung*, 6-7 août 2016, 49 [en allemand, non traduit].

Rosselet, Claude *et al.*, *Enacting Solutions: Management Constellations an Innovative Approach to Problem-Solving and Decision-Making in Organizations*, Ledizioni, 2013 [en anglais, non traduit].

Rubin, Harriet, *The Princessa: Machiavelli for Women*, Dell, 1998 [en anglais, non traduit].

Saehrendt, Christian, *Gefühlige Zeiten: Die zwanghafte Sehnsucht nach dem Echten*, Cologne, 2015 [en allemand, non traduit].

Schmidt, Eric/Rosenberg, Jonathan, *How Google Works*, Hodder & Stoughton, 2015 [en anglais, non traduit].

Schumer, Amy, « Uncensored – Inside Amy Schumer – Compliments », https://youtube.com/watch?v=/hzlvDV3m-pZw [en anglais, non traduit].

Schwartz-Ziv, Mariam, « Does the Gender of Directors Matter? », Harvard University, Edmond J. Safra Working Papers Nr. 8, 2 mai 2013 [en anglais, non traduit].

Sempé, Jean-Jacques/Goscinny, René, *Histoires inédites du petit Nicolas*, Éd. de Noyelles, 2006.

Séville, Astrid, *Der Sound der Macht. Eine Kritik der dissonanten Herrschaft*, München 2018 [en allemand, non traduit].

Simon, Fritz B., *Tödliche Konflikte: Zur Selbstorganisation privater und öffentlicher Kriege*, 2e éd., Heidelberg, 2004 [en allemand, non traduit].

Simon, Fritz B., *Die Familie des Familienunternehmens: Ein System zwischen Gefühl und Geschäft*, Heidelberg, 2002 [en allemand, non traduit].

Sonnenmoser, Marion, « Make-up macht Frauen selbstbewusst », *Psychologie heute*, septembre 2006, 17 [en allemand, non traduit].

Spitzer, Manfred, *Lernen: Gehirnforschung und die Schule des Lebens*, Heidelberg - Berlin 2002 [en allemand, non traduit].

Sproat, Richard, « Message 1 : Contributions of Different Modalities to "Content" », www.linguistlist.org/issues/12/12-1332.html#1 [en anglais, non traduit].

Stadler, Silke, *Open Space Büros: Eine Studie über die Machbarkeit und Umsetzung von offenen Bürostrukturen*, Düsseldorf, 2011 [en allemand, non traduit].

Stegemann, Bernd, « Achtung, echte Menschen! Das Theater huldigt dem Authentischen », *Süddeutsche Zeitung*, 3 janvier 2017, 9 [en allemand, non traduit].

Sun Tsu, *L'Art de la guerre*.

Suter, Martin, *Business class*, Christian Bourgois éditeur, 2008.

Tannen, Deborah, « The Power of Talk: Who Gets Heard and Why », *Harvard Business Review*, sept.-oct. 1995, 138-148 [en anglais, non traduit].

Tarantino, Quentin, *Kill Bill* (DVD Touchstone).

Täubner, Mischa, « Paradies oder Hölle? Was ist dran am Mythos Start-up ? », *Brand eins*, août 2016, 46-52 [en allemand, non traduit].

Tracht, Charlotte, *Mut zur Improvisation ! Ungewöhnliche Tools für Beratung und Coaching*, Munich, 2006 [en allemand, non traduit].

Virilio, Paul, *Esthétique de la disparition*, Poche, 1994.

Von Euw, Stéphanie, *Dans les entrailles du pouvoir : la face cachée des cabinets ministériels*, Éditions du Moment, 2014.

Wehling, Elisabeth, *Politisches Framing*, Cologne, 2016 [en allemand, non traduit].

Wenders, Wim, *Aufzeichnungen zu Kleidern und Städten* (DVD Ufa/Atlas).

Wichert, Silke, « Wir müssen draußen bleiben », *Süddeutsche Zeitung, Magazin*, 19 août 2016, 24-27 [en allemand, non traduit].

Zegers, Vera, « Man(n) macht Sprechstunde. Eine Studie zum Gesprächsverhalten von Hochschullehrenden und Studierenden », Dissertation an der Ruhr-Universität Bochum, 2004 [en allemand, non traduit].

# TABLE DES MATIÈRES

**Cet ouvrage est composé de matériaux issus de forêts bien gérées certifiées FSC®, de matériaux recyclés et de matériaux issus d'autres sources contrôlées.**

Le Forest Stewardship Council® est une organisation internationale non gouvernementale qui encourage une gestion écologiquement adaptée, socialement bénéfique et économiquement viable des forêts de la planète. Pour en savoir plus, consultez le site *www.fsc.org*

FSC
www.fsc.org
MIXTE
Papier issu de sources responsables
FSC® C022829

Achevé d'imprimer en août 2021
sur les presses de la Nouvelle Imprimerie Laballery
58500 Clamecy
Dépôt légal : août 2021
N° d'impression : 106161

*Imprimé en France*

La Nouvelle Imprimerie Laballery est titulaire
de la marque Imprim'Vert®